DK 621.311.153:631.3
621.316.1 (43-316.3)

# FORSCHUNGSBERICHTE
# DES LANDES NORDRHEIN-WESTFALEN

Herausgegeben durch das Kultusministerium

Nr. 913

Prof. Dr.-Ing. Paul Denzel
Dipl.-Ing. Richard Laufen
Dipl.-Ing. Werner Heilmann

Institut für elektrische Anlagen und Energiewirtschaft
der Technischen Hochschule Aachen

## Verbesserung der Benutzungsdauer in ländlichen Ortsnetzen

Als Manuskript gedruckt

WESTDEUTSCHER VERLAG / KÖLN UND OPLADEN

1960

ISBN 978-3-663-03864-1       ISBN 978-3-663-05053-7 (eBook)
DOI 10.1007/978-3-663-05053-7

# Gliederung

I. Allgemeines . . . . . . . . . . . . . . . . . . . . . . . . . . S. 5

    1. Einleitung . . . . . . . . . . . . . . . . . . . . . . . . . S. 5

    2. Das "Elektrobeispieldorf" . . . . . . . . . . . . . . . . . . S. 7

    3. Elektrorichtbetriebe im niederrheinischen
       Versorgungsgebiet . . . . . . . . . . . . . . . . . . . . . . S. 8

II. Durchführung der Untersuchungen . . . . . . . . . . . . . . . . S. 21

    1. Verwendung von Registriergeräten . . . . . . . . . . . . . . S. 21

    2. Befragung der Bauern . . . . . . . . . . . . . . . . . . . . S. 21

III. Auswertung und Deutung der Meßergebnisse . . . . . . . . . . . S. 21

    1. Die Inanspruchnahme von elektrischer Arbeit
       in den Richtbetrieben und im "Beispieldorf" . . . . . . . . S. 21

    2. Die Belastungskurve eines Richtbetriebes
       und ihre Analyse . . . . . . . . . . . . . . . . . . . . . . S. 28

    3. Benutzungsdauer und Gleichzeitigkeitsfaktor
       in den Richtbetrieben und im "Beispieldorf" . . . . . . . . S. 30

    4. Weitere Untersuchungen im "Beispieldorf" . . . . . . . . . . S. 34

IV. Maßnahmen zur Erhöhung der Benutzungsdauer . . . . . . . . . . S. 61

    1. Zweckmäßigere Einteilung der landwirtschaftlichen
       Arbeiten . . . . . . . . . . . . . . . . . . . . . . . . . . S. 61

    2. Elektrotechnische Maßnahmen zur Erhöhung der
       Benutzungsdauer . . . . . . . . . . . . . . . . . . . . . . S. 64

    3. Allgemeine Schlußfolgerungen . . . . . . . . . . . . . . . . S. 66

# I. Allgemeines

## 1. Einleitung

Die Abgabe elektrischer Energie an die Landwirtschaft in der Bundesrepublik Deutschland hat sich in den letzten zehn Jahren etwa verdoppelt. Die Tendenz der Verbrauchszunahme ist aus Abbildung 1 zu erkennen [1].

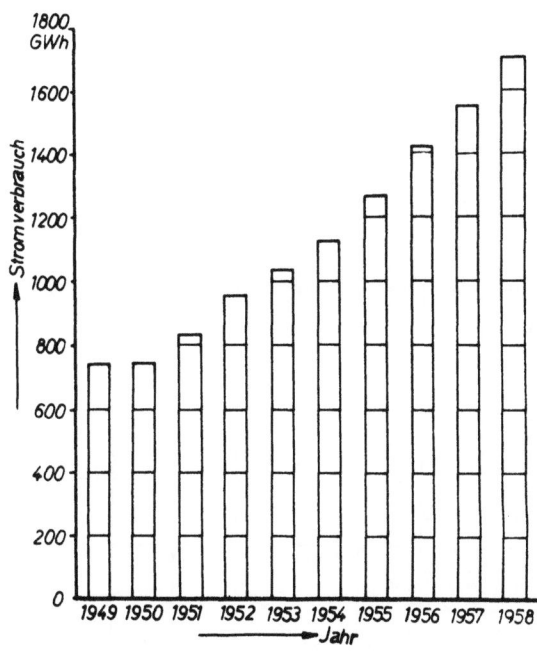

A b b i l d u n g   1
Jährlicher Stromverbrauch der Landwirtschaft in der
Bundesrepublik Deutschland

Trotz dieser erheblichen Verbrauchszunahme ist die Auslastung ländlicher Ortsnetze immer noch gering: Die Übertragungsleitungen müssen eine gewisse mechanische Festigkeit aufweisen und sind daher in diesen Gebieten leistungsmäßig meist überdimensioniert. Die Transformatoren sind für die bekannten steilen Belastungsspitzen ländlicher Netze ausgelegt und werden infolgedessen auch nur schlecht ausgenutzt. Zum Vergleich seien folgende Zahlen genannt: die jährliche Stromabgabe pro km Leitungslänge beträgt in ländlichen Gebieten zur Zeit etwa 20.000 kWh, wogegen sie z.B. in der Stadt Essen bei 250.000 kWh liegt. Es gilt also, die Belastungskurve ländlicher Netze auszugleichen und möglichst gleichzeitig den Absatz zu steigern.

Die Auslastung von Energieversorgungsanlagen wird gekennzeichnet durch die sogenannte Benutzungsdauer oder Benutzungsstundenzahl der Höchstlast $T_m$. Sie ergibt sich nach den Begriffsbestimmungen der Energiewirtschaft [2] als Quotient aus der in einem bestimmten Zeitraum (i.a. in einem Jahr) abgegebenen Arbeit A (kWh) und der größten in diesem Zeitraum beanspruchten Leistung $P_{max}$ (kW):

$$T_m = \frac{A}{P_{max}} \qquad (1)$$

In den Kostenrechnungen bestimmt die Benutzungsdauer den Leistungspreisanteil der festen Kosten an den Gesamtkosten je Kilowattstunde [3]. Den Verlauf einer Selbstkostenkurve in Abhängigkeit von der Benutzungsdauer veranschaulicht Abbildung 2.

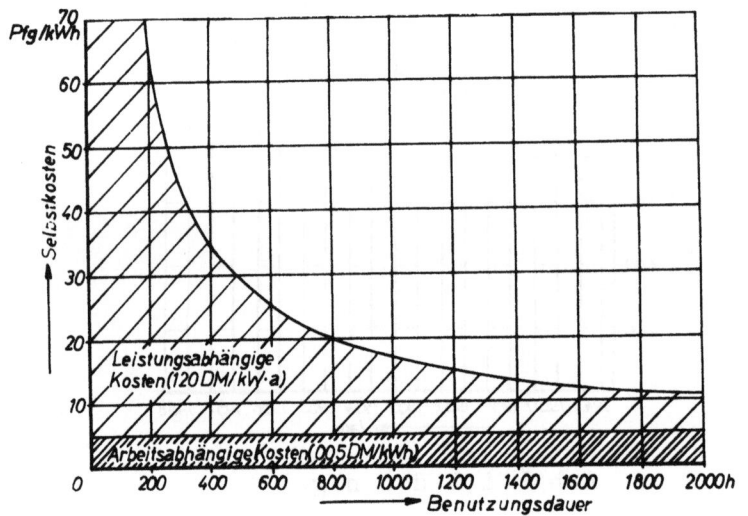

A b b i l d u n g   2

Beispiel für die Abhängigkeit der Selbstkosten der elektrischen Energie von der Benutzungsdauer der Höchstlast

Die Abbildung zeigt, daß beispielsweise bei 400 Benutzungsstunden eine Verfünffachung der Benutzungsdauer eine Verringerung der Kosten um ca. 70 % bewirkt.

Die Benutzungsdauer liegt in Gemeinden mit überwiegend landwirtschaftlichen Stromabnehmern meist unter 1000 Stunden, wogegen sie z.B. in der Maschinenindustrie etwa 3000 Stunden beträgt. Allgemein wird die Benutzungsdauer eines Netzes bei Vorhandensein von im Verhältnis zur gesamten installierten Leistung großen Einzelverbrauchern abgesenkt, da solche Verbraucher starke Leistungsschwankungen und hohe Spitzen bewirken. Angewandt auf die Verhältnisse in der ländlichen Energieversorgung, wo derartige Verbraucher keine Seltenheit sind, kommt als besonderer

Nachteil noch hinzu, daß gelegentlich im Ablauf des Jahres bei vielen
Abnehmern gleichzeitig das Bedürfnis entsteht, einen großen Verbraucher
(zum Beispiel die Dreschmaschine) in Betrieb zu nehmen. Es liegt auf der
Hand, daß die dann auftretenden hohen Belastungsspitzen eine beträchtliche Absenkung der Benutzungsdauer zur Folge haben.

Eine weitere wichtige Kenngröße der Belastungsverhältnisse in einem
Netz ist der Gleichzeitigkeitsfaktor g. Er ist in den Begriffsbestimmungen [2] definiert als der Quotient aus der Höchstlast $P_{max}$ in einem Zeitraum und der Summe der Höchstlasten aller Abnehmer in dem gleichen Zeitraum:

$$g = \frac{P_{max}}{\sum_n P_{max_n}} \qquad (2)$$

Ein hoher Gleichzeitigkeitsfaktor wird i.a. die Benutzungsdauer des
Netzes verringern.

Die Benutzungsdauer und der Gleichzeitigkeitsfaktor in ländlichen Netzen
waren in den letzten Jahren Gegenstand eingehender Untersuchungen. Die
Ergebnisse solcher Untersuchungen sind für die Planung der ländlichen
Elektrizitätsversorgung eine wertvolle Hilfe. Im folgenden wird über
diesbezügliche Untersuchungen berichtet, die im Jahre 1958 in ländlichen
Versorgungsgebieten am linken Niederrhein durchgeführt wurden.

## 2. Das "Elektrobeispieldorf"

Untersuchungen über die Erhöhung der Benutzungsdauer in ländlichen Ortsnetzen können nicht theoretisch betrieben werden; es ist erforderlich,
die Belastungsverhältnisse in einem sehr gut elektrifizierten Dorfe zu
studieren und über einen längeren Zeitraum hinweg die Leistungsbeanspruchung zu registrieren. Eventuell vorhandene gewerbliche und sonstige
nicht landwirtschaftliche Abnehmer müssen bei den Messungen ausgeklammert werden, wenn man die Untersuchungen allein auf die Verhältnisse
in landwirtschaftlichen Betrieben abstellt. Im Rahmen der vorliegenden
Untersuchung werden nur rein landwirtschaftliche Abnehmer berücksichtigt.

Bereits vor vier Jahren wurden in Süddeutschland für ähnliche Versuchszwecke sogenannte Beispieldörfer eingerichtet: Rein ländliche Gemeinden
mit einer möglichst guten Durchmischung der verschiedenen ländlichen
Betriebstypen wurden nach modernsten Gesichtspunkten vollelektrifiziert
[4]. In Nordrhein-Westfalen existiert dagegen ein derartiges Beispieldorf noch nicht. Es wurden bisher lediglich eine Anzahl von Elektroricht-

betrieben geschaffen. Die ersten Erhebungen in diesen Richtbetrieben ergaben schon, daß ihre Stromabnahme weit über dem Durchschnitt der ländlichen Energieversorgung der Bundesrepublik liegt [5].

In Zusammenarbeit mit dem RWE wurden 1957 am linken Niederrhein zehn Elektrorichtbetriebe der verschiedenen landwirtschaftlichen Betriebstypen als für die im folgenden beschriebenen Untersuchungen geeignet ausgewählt.

Ziel der vorliegenden Arbeit war es, diese Richtbetriebe in Ermangelung eines Beispieldorfes über ein Jahr zu untersuchen und die mittels schreibender Leistungsmesser erhaltenen Belastungskurven zur Gesamtbelastungskurve eines "Beispieldorfes" zusammenzusetzen. Die einzelnen Betriebe lagen einerseits so weit auseinander, daß es nicht möglich war, etwa die zehn Meßwerte an einem Punkt zusammenzuführen, andererseits lagen sie aber nahe genug zusammen, um nennenswerte Verfälschungen durch verschiedene Witterungsbedingungen auszuschließen.

## 3. Elektrorichtbetriebe im niederrheinischen Versorgungsgebiet

Die zehn für die Messung ausgewählten Höfe wurden in den Jahren 1954 bis 1957 von der Landwirtschaftskammer Rheinland in Zusammenarbeit mit den zuständigen Landwirtschaftsschulen als Richtbetriebe für Elektrizitätsanwendung eingerichtet. Sie werden im folgenden näher erläutert. Ihre geographische Lage geht aus Abbildung 3 hervor.

a) Der Richtbetrieb Z. in Mörmter (Landwirtschaftsschule Xanten)

Dieser Hof ist ein Pachthof. Er wurde im Sommer 1957 als Richtbetrieb eingerichtet. Heute ist er der größte und bestelektrifizierte Hof unter den zehn Richtbetrieben. Die landwirtschaftliche Nutzfläche beträgt 49,6 haLN; davon sind 33,3 haLN Ackerland und 16,3 haLN Grünland. Der Viehbestand setzt sich zusammen aus 1 Pferd, 25 Kühen, 20 Rindern und 80 Mastschweinen jährlich. Außerdem wird eine sehr intensive Hühnerhaltung betrieben. Es sind ein 30-PS- und ein 12-PS-Schlepper vorhanden. Der Betrieb wird ständig von fünf erwachsenen Arbeitskräften, darunter vier Angestellte, bewirtschaftet und verfügt zur Zeit über folgende elektrisch betriebene Maschinen und Geräte:

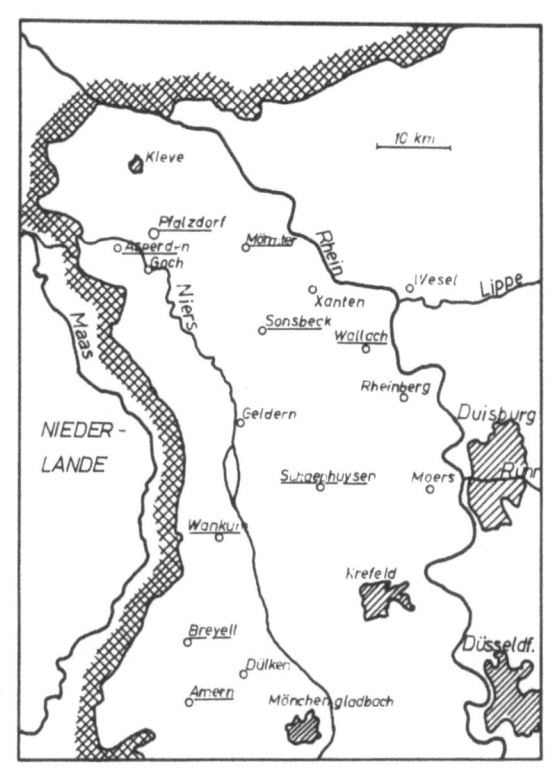

A b b i l d u n g   3
Geographische Lage der Richtbetriebe

Motoren

| | | |
|---|---|---|
| Dreschmaschine | 11,0 kW | |
| Gebläse | 7,5 kW | |
| Schrotmühle | 7,5 kW | |
| Körnergebläse | 4,0 kW | |
| Allesmuser | 3,0 kW | |
| 2 Greiferaufzüge | 2,2 kW | |
| Hauswasserwerk | 1,3 kW | |
| Jauchepumpe | 1,1 kW | |
| Kartoffelsortierer | 0,5 kW | |
| Rübenschneider | 0,5 kW | |
| Melkanlage | 0,5 kW | |
| Milchkühlanlage | 0,5 kW | |
| Gefrierschrank | 0,5 kW | |
| Kühlschrank | 0,2 kW | 40,3 kW |

|  |  | Übertrag: | 40,3 kW |
|---|---|---|---|
| Wärmegeräte | | | |
| Waschmaschine | 9,6 kW | | |
| Elektroherd | 8,4 kW | | |
| Heißwasserspeicher | 6,0 kW | | |
| Hocker | 5,0 kW | | |
| Futterdämpfer | 5,0 kW | | |
| 15 Infrarotstrahler | 3,8 kW | | |
| Heizofen | 2,0 kW | | |
| Einkochkessel | 1,5 kW | | |
| Heimbügler | 1,5 kW | | |
| Wandstrahler | 1,0 kW | | |
| Bügeleisen | 1,0 kW | 44,8 kW | |
| Beleuchtung | | | |
| 71 Brennstellen | 4,1 kW | 4,1 kW | |
| | insgesamt: | 89,2 kW | |

b) Der Richtbetrieb E. in Pfalzdorf (Landwirtschaftsschule Goch)

Der Betrieb ist ebenfalls seit Sommer 1957 Richtbetrieb. Die zu dem Hof gehörende landwirtschaftliche Nutzfläche beträgt 9,3 haLN; davon sind 4,9 haLN für Getreideanbau und 2,7 haLN für Hackfruchtanbau genutzt, die restlichen 1,7 haLN sind als Wiesen und Weiden unbebaut. Der Hof wird von zwei zur Familie gehörenden Erwachsenen bewirtschaftet. Ein 12-PS-Schlepper steht zur Verfügung. Der Viehbestand beschränkt sich auf 6 Kühe, 6 Rinder und 65 Mastschweine jährlich, ferner 50 Hühner. Folgende elektrische Maschinen und Geräte sind vorhanden:

| Motoren | | |
|---|---|---|
| Gebläse | 8,0 kW | |
| Dreschmaschine | 7,5 kW | |
| Jauchepumpe | 2,2 kW | |
| Melkanlage | 0,4 kW | |
| Gefrierschrank | 0,4 kW | |
| Milchkühlanlage | 0,3 kW | |
| Kühlschrank | 0,2 kW | 19,0 kW |

|  |  |  |
|---|---|---|
| Wärmegeräte | Übertrag: | 19,0 kW |
| Durchlauferhitzer | 18,0 kW | |
| Waschmaschine | 9,6 kW | |
| Elektroherd | 5,8 kW | |
| Futterdämpfer | 4,8 kW | |
| Heißwasserspeicher | 3,0 kW | |
| 2 Badezimmerstrahler | 2,0 kW | |
| Bügeleisen | 1,0 kW | 44,2 kW |
| Beleuchtung | | |
| 43 Brennstellen | 1,0 | 1,0 kW |
| | insgesamt: | 64,2 kW |

c) Der Richtbetrieb L. in Pfalzdorf (Landwirtschaftsschule Goch)

Er wurde zur gleichen Zeit wie der Hof E. Richtbetrieb. Von den 17,2 haLN landwirtschaftlicher Nutzfläche, die zum Hof gehören, werden ca. 75 % für Getreide- und Hackfruchtanbau genutzt. Der Hof wird von drei Erwachsenen Personen, darunter zwei Familienangehörige, bewirtschaftet. Ein 17-PS-Schlepper ist vorhanden. Zum Viehbestand gehören unter anderem: 1 Pferd, 12 Kühe, 10 Rinder, 45 Mastschweine jährlich und 50 Hühner. Zur Zeit sind auf dem Hof folgende elektrische Maschinen und Geräte im Einsatz:

|  |  |  |
|---|---|---|
| Motoren | | |
| Gebläse | 7,5 kW | |
| Dreschmaschine | 7,5 kW | |
| Schrotmühle | 5,5 kW | |
| Allesmuser | 2,2 kW | |
| Jauchepumpe | 1,5 kW | |
| Kartoffelsortierer | 1,1 kW | |
| Rübenschneider | 1,1 kW | |
| Kühlschrank | 0,2 kW | |
| Gefriertruhe | 0,2 kW | 26,8 kW |
| Wärmegeräte | | |
| Elektroherd | 8,0 kW | |
| Waschmaschine | 7,5 kW | |
| Heißwasserspeicher | 6,0 kW | 21,5 kW |

|  |  |  |
|---|---|---|
| Übertrag: | 21,5 kW | 26,8 kW |
| Heißwasserspeicher | 3,0 kW | |
| Futterdämpfer | 3,0 kW | |
| Heißwasserspeicher | 2,0 kW | |
| Heimbügler | 1,5 kW | |
| Bügeleisen | 1,0 kW | 32,0 kW |
| Beleuchtung | | |
| 28 Brennstellen | 1,2 kW | 1,2 kW |
| insgesamt: | | 60,0 kW |

d) Der Richtbetrieb J. in Schaephuysen (Landwirtschaftsschule Moers)

Dieser Richthof brannte im Jahre 1956 zum größten Teil ab. Nach dem Wiederaufbau, der nach neuzeitlichen Gesichtspunkten erfolgte, wurde der Betrieb bis zum Sommer 1957 als Richtbetrieb eingerichtet. Die landwirtschaftliche Nutzfläche beträgt 18,5 haLN, davon sind 11,4 haLN Ackerland und 7,1 haLN Grünland. Der Viehbestand setzt sich zusammen aus 2 Pferden, 10 Kühen, 15 Rindern, 1 Zuchteber, 60 Mastschweinen jährlich und 50 Hühnern. Die Zahl der erwachsenen Arbeitskräfte beträgt z.Zt. drei, darunter zwei Familienangehörige. Ein 22-PS-Schlepper ist vorhanden. Gemeinsam mit einem Nachbarn werden ein Mähdrescher und für die Bergung der Heuernte ein Heugebläse benutzt. Folgende Elektrogeräte und Maschinen sind vorhanden:

Motoren

|  |  |  |
|---|---|---|
| Gebläse | 11,0 kW | |
| Schrotmühle | 5,5 kW | |
| Stallentmistung | 4,0 kW | |
| Allesmuser | 3,0 kW | |
| Hauswasserwerk | 2,2 kW | |
| Jauchepumpe | 2,2 kW | |
| Getreidetrocknung (Antrieb) | 1,5 kW | |
| Rübenschneider | 1,1 kW | |
| Melkanlage | 0,5 kW | |
| Gefrieranlage | 0,5 kW | |
| Kühlschrank | 0,2 kW | 31,7 kW |

|  |  |  |
|---|---|---|
| Übertrag: | | 31,7 kW |

Wärmegeräte

| | | |
|---|---|---|
| Elektroherd | 7,5 kW | |
| Waschmaschine | 6,5 kW | |
| Getreidetrocknung (Heizung) | 6,0 kW | |
| Heißwasserspeicher | 6,0 kW | |
| Heißwasserspeicher | 3,0 kW | |
| Heißwasserspeicher | 3,0 kW | |
| Hocker | 3,0 kW | |
| Heißwasserspeicher | 2,0 kW | |
| Badezimmerstrahler | 1,0 kW | |
| Bügeleisen | 1,0 kW | 39,0 kW |

Beleuchtung

| | | |
|---|---|---|
| 67 Brennstellen | 3,6 kW | 3,6 kW |
| insgesamt: | | 74,3 kW |

e) Der Richtbetrieb L. in Asperden (Landwirtschaftsschule Goch)

Die Einrichtung als Richtbetrieb erfolgte im Jahre 1954. Zum Hof gehören 10,5 haLN Ackerland und 3,5 haLN Grünland. Als Zugkräfte sind ein 15-PS-Schlepper und 2 Pferde vorhanden. Der Viehbestand beträgt zur Zeit 14 Kühe, 9 Rinder, 60 Mastschweine jährlich und 50 Hühner. Im Betrieb L. arbeiten sechs Personen. Es kommen folgende elektrisch betriebene Maschinen und Geräte zum Einsatz:

Motoren

| | | |
|---|---|---|
| Beregnungsanlage | 11,0 kW | |
| Dreschmaschine | 7,5 kW | |
| Schrotmühle | 2,2 kW | |
| 2 Rübenschneider | 2,2 kW | |
| Jauchepumpe | 1,5 kW | |
| Hauswasserwerk | 1,1 kW | |
| Melkanlage | 0,8 kW | |
| 2 Milchkühlanlagen | 0,6 kW | 26,9 kW |

Wärmegeräte

| | | |
|---|---|---|
| Elektroherd | 7,5 kW | |
| Waschmaschine | 6,0 kW | |
| Heißwasserspeicher | 6,0 kW | 19,5 kW |

|  |  |  |
|---|---|---|
| Übertrag: | 19,5 kW | 26,9 kW |
| Heißwasserspeicher | 4,0 kW | |
| Futterdämpfer | 3,0 kW | |
| Badezimmerstrahler | 1,0 kW | |
| Bügeleisen | 1,0 kW | 28,5 kW |

Beleuchtung

|  |  |  |
|---|---|---|
| 51 Brennstellen | 3,0 kW | 3,0 kW |
| insgesamt: | | 58,4 kW |

### f) Der Richtbetrieb A. in Wallach (Landwirtschaftsschule Rheinberg)

Dieser Hof wurde 1956 Richtbetrieb. Seine landwirtschaftliche Nutzfläche beträgt 33 haLN, wovon 17,8 haLN als Ackerland genutzt werden. Der Betrieb wird von sechs Personen bewirtschaftet. Ein 30-PS-Schlepper ist vorhanden. 3 Pferde, 18 Kühe, 20 Rinder, 60 Mastschweine jährlich und 100 Hühner stellen den Viehbestand dar. Folgende elektrische Maschinen und Geräte sind vorhanden:

Motoren

| | | |
|---|---|---|
| Universalmotor (ab Nov. 1958) | 10,0 kW | |
| Schrotmühle | 5,5 kW | |
| Heuaufzug, Jauchepumpe | 2,2 kW | |
| Milchkühlanlage | 1,5 kW | |
| Hauswasserwerk | 1,5 kW | |
| Rübenschneider | 1,1 kW | |
| Kartoffelsortierer | 0,8 kW | |
| Melkmaschine | 0,5 kW | |
| Wäscheschleuder | 0,2 kW | |
| Kühlschrank | 0,2 kW | |
| Küchenmotor | 0,2 kW | 23,7 kW |

Wärmegeräte

| | | |
|---|---|---|
| Waschmaschine | 9,3 kW | |
| Elektroherd | 8,3 kW | |
| Heißwasserspeicher | 6,0 kW | |
| Heißwasserspeicher | 4,0 kW | |
| Futterdämpfer | 3,2 kW | |
| Bügeleisen | 1,0 kW | 31,8 kW |

|  |  |  |
|---|---|---|
| Übertrag: | | 55,5 kW |

Beleuchtung

| | | | |
|---|---|---|---|
| 48 Brennstellen | | 2,2 kW | 2,2 kW |
| | insgesamt: | | 57,7 kW |

g) Der Richtbetrieb H. in Breyell-Schaag (Landwirtschaftsschule Dülken)

Der Richtbetrieb wurde im August 1956 eingerichtet. Von den zum Hof gehörenden 12 haLN werden 11,2 haLN als Ackerland landwirtschaftlich genutzt. Ein 17-PS-Schlepper und 1 Pferd stehen als Zugkräfte zur Verfügung. Es werden 6 Kühe, 9 Rinder und 300 Hühner gehalten, ferner 100 Mastschweine jährlich. Zum Haushalt gehören vier mitarbeitende Personen, darunter drei Familienangehörige. Der Hof wurde im Laufe des Jahres 1958 weiter augebaut. Er kann heute folgende elektrische Maschinen und Geräte aufweisen:

Motoren

| | | |
|---|---|---|
| Gebläse | 10,0 kW | |
| Schrotmühle | 7,5 kW | |
| Dreschmaschine | 5,5 kW | |
| Allesmuser | 2,2 kW | |
| Mistlader | 2,2 kW | |
| Jauchepumpe | 2,2 kW | |
| Aufzug | 1,0 kW | |
| Kompressor | 1,0 kW | |
| Hauswasserwerk | 1,0 kW | |
| Kartoffelsortierer | 1,0 kW | |
| Kühlschrank | 0,2 kW | 33,8 kW |

Wärmegeräte

| | | |
|---|---|---|
| Waschmaschine | 9,6 kW | |
| Elektroherd | 7,1 kW | |
| Futterdämpfer | 4,8 kW | |
| Heißwasserspeicher | 3,0 kW | |
| Heißwasserspeicher | 2,0 kW | |
| 2 Heizöfen | 4,0 kW | |
| Einkochkessel | 1,5 kW | |
| Bügeleisen | 1,0 kW | |
| 2 Infrarotstrahler | 0,5 kW | 33,5 kW |

|  |  |  |
|---|---|---|
| Übertrag: | | 67,3 kW |

Beleuchtung

| | | | |
|---|---|---|---|
| 57 Brennstellen | | 2,6 kW | 2,6 kW |
| | insgesamt: | | 69,9 kW |

### h) Der Richtbetrieb S. in Wankum (Landwirtschaftsschule Geldern)

Der Hof wurde im September 1957 als Richtbetrieb eingerichtet. Seine landwirtschaftliche Nutzfläche ist 24 haLN groß. Davon sind 14,5 haLN Ackerland und 9,5 haLN Grünland. Der Betrieb wird von sieben erwachsenen Familienmitgliedern bewirtschaftet. Ein 22-PS-Schlepper ist vorhanden. Der Viehbestand beträgt 1 Pferd, 19 Kühe, 40 Rinder, 100 Hühner und 100 Mastschweine jährlich. Der Bauer S. betreibt vorwiegend Schweinezucht und Schweinemast. In der Regel befinden sich daher mehr Schweine im Stall. Folgende elektrisch betriebene Maschinen und Geräte sind vorhanden:

Motoren

| | | |
|---|---|---|
| Universalmotor | 7,5 kW | |
| 2 Entmistungsanlagen | 6,6 kW | |
| 2 Jauchepumpen | 3,0 kW | |
| Allesmuser | 2,2 kW | |
| Hauswasserwerk | 1,5 kW | |
| Rübenschneider | 1,1 kW | |
| Schleifstein | 1,0 kW | |
| Gefrierschrank | 0,4 kW | |
| Küchenmaschine | 0,3 kW | |
| Kühlschrank | 0,2 kW | 23,8 kW |

Wärmegeräte

| | | |
|---|---|---|
| Waschmaschine | 9,6 kW | |
| Elektroherd | 8,4 kW | |
| Heißwasserspeicher | 6,0 kW | |
| Heißwasserspeicher | 3,0 kW | |
| Heißwasserspeicher | 3,0 kW | |
| Heimbügler | 1,5 kW | |
| 2 Badezimmerstrahler | 2,0 kW | |
| Bügeleisen | 1,0 kW | 34,5 kW |

Beleuchtung

| | | |
|---|---|---|
| 69 Brennstellen | 2,8 kW | 2,8 kW |
| insgesamt: | | 61,1 kW |

i) Der Richtbetrieb Q. in Amern (Landwirtschaftsschule Dülken)

Dieser 15,2 haLN große Hof (13,2 haLN Ackerland, 2,0 haLN Grünland) wurde im Juni 1957 als Richtbetrieb eingerichtet. Der von zwei erwachsenen Personen bewirtschaftete Hof hat einen 27-PS-Schlepper. Ein Pferd, 7 Kühe, 13 Rinder, 200 Hühner und 50 Mastschweine jährlich machen den Viehbestand aus. Es folgt das Verzeichnis der vorhandenen elektrischen Maschinen und Geräte:

Motoren

| | | |
|---|---|---|
| Gebläse | 11,0 kW | |
| Dreschmaschine | 7,5 kW | |
| Allesmuser | 3,0 kW | |
| Schrotmühle | 1,5 kW | |
| Jauchepumpe | 1,5 kW | |
| Hauswasserwerk | 0,8 kW | |
| Melkanlage | 0,4 kW | |
| Schleifstein | 0,4 kW | |
| Lüfter | 0,3 kW | |
| Gefriertruhe | 0,3 kW | |
| Kühlschrank | 0,2 kW | 26,9 kW |

Wärmegeräte

| | | |
|---|---|---|
| Waschmaschine | 9,6 kW | |
| Elektroherd | 8,9 kW | |
| Futterdämpfer | 3,6 kW | |
| Heißwasserspeicher | 3,0 kW | |
| Heißwasserspeicher | 2,0 kW | |
| Heizofen | 2,0 kW | |
| 3 Infrarotstrahler | 1,5 kW | |
| Bügeleisen | 1,0 kW | 31,6 kW |

Beleuchtung

| | | |
|---|---|---|
| 55 Brennstellen | 2,2 kW | 2,2 kW |
| insgesamt: | | 60,7 kW |

k) Der Richtbetrieb J. in Sonsbeck (Landwirtschaftsschule Xanten)

Der Hof Jansen ist der kleinste der zehn Richtbetriebe. Er wurde im August 1956 eingerichtet. Er hat eine landwirtschaftliche Nutzfläche von 8 haLN, davon sind 6,8 haLN Ackerland. Ein 14-PS-Schlepper und

1 Pferd dienen als Zugkräfte. 8 Kühe, 6 Rinder, 50 Hühner und 45 Mastschweine jährlich stellen den Viehbestand dar. Die Bewirtschaftung erfolgt durch drei erwachsene Personen, die zur Familie gehören. Im Betrieb werden z.Zt. bauliche Veränderungen und Erweiterungen vorgenommen. Folgende Maschinen und Geräte sind vorhanden:

Motoren

| | | |
|---|---|---|
| Dreschmaschine, Schrotmühle | 5,5 kW | |
| Jauchepumpe | 1,5 kW | |
| Rübenschneider | 1,1 kW | |
| Melkanlage | 0,6 kW | |
| Hauswasserwerk | 0,3 kW | 9,0 kW |

Wärmegeräte

| | | |
|---|---|---|
| Waschmaschine | 9,6 kW | |
| Elektroherd | 7,5 kW | |
| Heißwasserspeicher | 2,0 kW | |
| Heimbügler | 1,5 kW | |
| Bügeleisen | 1,0 kW | |
| Badezimmerstrahler | 1,0 kW | 22,6 kW |

Beleuchtung

| | | |
|---|---|---|
| 34 Brennstellen | 1,5 kW | 1,5 kW |
| | | 33,1 kW |

1) Das "Beispieldorf", bestehend aus zehn Richtbetrieben

Das "Beispieldorf" hat eine landwirtschaftliche Nutzfläche von 200,8 haLN (69 % Ackerland). Es sind 11 Schlepper (insgesamt 218 PS) und 13 Pferde als Zugkräfte vorhanden. Der Viehbestand umfaßt neben dem üblichen Kleinvieh 125 Kühe, 148 Rinder, 2050 Hühner und 665 Mastschweine jährlich. Die Bewirtschaftung erfolgt durch 41 erwachsene Personen. Es sind insgesamt folgende Maschinen und Geräte vorhanden (vgl. auch Tab. 1):

Motoren

| | | |
|---|---|---|
| 9 Dreschmaschinen | 69,5 kW | |
| 6 Gebläse | 55,0 kW | |
| 7 Schrotmühlen | 35,2 kW | |
| 10 Jauchepumpen | 16,7 kW | |
| 6 Allesmuser | 15,6 kW | 192,0 kW |

|  |  |  |  |
|---|---|---|---|
|  | Übertrag: | 192,0 kW |  |
| 1 Beregnungsanlage |  | 11,0 kW |  |
| 3 Entmistungsanlagen |  | 10,6 kW |  |
| 8 Hauswasserwerke |  | 9,8 kW |  |
| 8 Rübenschneider |  | 8,2 kW |  |
| 3 Greiferaufzüge |  | 4,4 kW |  |
| 1 Körnergebläse |  | 4,0 kW |  |
| 7 Melkanlagen |  | 3,6 kW |  |
| 4 Kartoffelsortierer |  | 3,3 kW |  |
| 4 Milchkühlanlagen |  | 3,0 kW |  |
| 6 Gefriertruhen o.ä. |  | 2,3 kW |  |
| 1 Mistlader |  | 2,2 kW |  |
| 1 Getreidetrocknungsanlage (Antr.) |  | 1,5 kW |  |
| 8 Kühlschränke |  | 1,5 kW |  |
| 2 Schleifsteine |  | 1,4 kW |  |
| 1 Aufzug |  | 1,0 kW |  |
| 1 Kompressor |  | 1,0 kW |  |
| 2 Küchenmaschinen |  | 0,5 kW |  |
| 1 Lüfter |  | 0,4 kW |  |
| 1 Wäscheschleuder |  | 0,2 kW | 261,9 kW |

Wärmegeräte

|  |  |  |  |
|---|---|---|---|
| 10 Waschmaschinen |  | 86,9 kW |  |
| 21 Heißwasserspeicher |  | 78,0 kW |  |
| 10 Elektroherde |  | 77,4 kW |  |
| 7 Futterdämpfer |  | 27,4 kW |  |
| 1 Durchlauferhitzer |  | 18,0 kW |  |
| 10 Bügeleisen |  | 10,0 kW |  |
| 2 Hocker |  | 8,0 kW |  |
| 4 Heizöfen |  | 8,0 kW |  |
| 8 Wandstrahler |  | 8,0 kW |  |
| 4 Heimbügler |  | 6,0 kW |  |
| 1 Getreidetrocknungsanlage (Heizg.) |  | 6,0 kW |  |
| 20 Infrarotstrahler |  | 5,8 kW |  |
| 2 Einkochkessel |  | 3,0 kW | 342,5 kW |

Beleuchtung

|  |  |  |  |
|---|---|---|---|
| 523 Brennstellen |  | 24,2 kW | 24,2 kW |
| insgesamt: |  |  | 628,6 kW |

Die Daten der einzelnen Betriebe sind in Tabelle 1 zusammengestellt:

## Tabelle 1

Nutzflächen, Viehbesatz, menschliche und tierische Arbeitskräfte sowie mechanische Hilfskräfte in den Richtbetrieben und im "Beispieldorf"

| Betrieb | Ackerland [haLN] | Grünland [haLN] | Landw. Nutzfläche [haLN] | Viehbesatz [GV/100 haLN] | Mittlere verpflegte Personenzahl | Arbeitskräftebesatz [AK/100 haLN] | Pferde | Schlepperleistung [PS] | Motoren [kW] | Wärmegeräte, Beleuchtung [kW] | Inst. Gesamtleistung [kW] | Leistung/Nutzfläche [kW/ha LN] |
|---|---|---|---|---|---|---|---|---|---|---|---|---|
| a | 33,3 | 16,3 | 49,6 | 101 | 12 | 8,4 | 1 | 42 | 40,3 | 48,9 | 89,2 | 1,80 |
| b | 7,6 | 1,7 | 9,3 | 182 | 4 | 17,7 | - | 12 | 19,0 | 45,2 | 64,2 | 6,90 |
| c | 13,0 | 4,2 | 17,2 | 142 | 8 | 18,0 | 1 | 17 | 26,8 | 33,2 | 60,0 | 3,49 |
| d | 11,4 | 7,1 | 18,5 | 155 | 4 | 15,7 | 2 | 22 | 31,7 | 42,6 | 74,3 | 4,02 |
| e | 10,5 | 3,5 | 14,0 | 203 | 6 | 19,2 | 2 | 15 | 26,9 | 31,5 | 58,4 | 4,17 |
| f | 17,8 | 15,2 | 33,0 | 125 | 6 | 19,4 | 3 | 30 | 23,7 | 34,0 | 57,7 | 1,75 |
| g | 11,2 | 0,8 | 12,0 | 199 | 4 | 27,8 | 1 | 17 | 33,8 | 36,1 | 69,9 | 5,83 |
| h | 14,5 | 9,5 | 24,0 | 242 | 10 | 16,0 | 1 | 22 | 23,8 | 37,3 | 61,1 | 2,55 |
| i | 13,2 | 2,0 | 15,2 | 148 | 8 | 17,9 | 1 | 27 | 26,9 | 33,8 | 60,7 | 3,99 |
| k | 6,8 | 1,2 | 8,0 | 221 | 6 | 11,5 | 1 | 14 | 9,0 | 24,1 | 33,1 | 4,14 |
| l | 139,3 | 61,5 | 200,8 | 155 | 68 | 15,7 | 13 | 218 | 261,9 | 366,7 | 628,6 | 3,13 |

Bei den Angaben über den Viehbestand wurde der übliche bäuerliche Kleintierbestand (außer Hühnern) nicht besonders berücksichtigt.

Die Bodenklimazahl der zehn Richtbetriebe liegt mit Ausnahme des Betriebes e) zwischen 50 und 80.

## II. Durchführung der Untersuchungen

### 1. Verwendung von Registriergeräten

Zur Erfassung der Belastung in den einzelnen Richtbetrieben nach Zeitpunkt, Dauer und Betrag wurden tragbare Registrierinstrumente eingebaut.

Die Geräte waren über Stromwandler hinter den Hauptsicherungen des Hausanschlusses angeschlossen.

Die Messung der verbrauchten elektrischen Arbeit der einzelnen Höfe erfolgte mit den vom RWE für die Zwecke dieser Untersuchung eingebauten Doppeltarifzählern (Nachtverbrauch von $21^h$ bis $6^h$).

### 2. Die Befragung der Bauern

Die Aufzeichnungen auf den Registrierstreifen geben keinen oder nur ungenauen Aufschluß über die Art der jeweils eingeschalteten Maschinen und Geräte. Daher wurde zusätzlich eine Befragung der einzelnen Bauern durchgeführt, deren Zweck die Feststellung der Geräteart war. Durch mündliche Befragung sowie durch Fragebogen konnte der durchschnittliche tägliche Arbeitsrhythmus der Betriebe festgestellt werden; darüber hinaus konnten zusätzliche, zum Teil saisonbedingte Arbeitsgänge ermittelt werden. Diese Befragungen waren für die spätere Analyse der Belastungskurven eine wertvolle Hilfe.

## III. Auswertung und Deutung der Meßergebnisse

### 1. Die Inanspruchnahme von elektrischer Arbeit in den Richtbetrieben und im "Beispieldorf"

Die Inanspruchnahme von elektrischer Arbeit in den einzelnen Richtbetrieben und im "Beispieldorf" im Verlaufe des Jahres 1958 ist in Tabelle 2 dargestellt. Neben dem jeweiligen monatlichen Gesamtverbrauch wird auch der Tag- und Nachtverbrauch sowie die Monatsspitze $P_{max}$ angegeben. Auf diese Zahlen wird bei der späteren Berechnung der Benutzungsdauer und des Gleichzeitigkeitsfaktors der einzelnen Betriebe und des "Beispieldorfes" zurückgegriffen.

Die Stromkosten ergeben sich nach Tarif L 6.

## Tabelle 2

Energieverbrauch, Leistungsbedarf und Stromkosten in den Richtbetrieben und im "Beispieldorf" 1958

| Betrieb | $A_{Tag}$ | $A_{Nacht}$ | $A_{ges}$ | $P_{max}$ | Grundpreis | Arbeitspreis |
|---|---|---|---|---|---|---|
| **Monat Januar** | | | | | | |
| a | 1387 kWh | 272 kWh | 1659 kWh | 15,2 kW | 22,08 DM | 99,54 DM |
| b | 645 | 114 | 759 | 30,0 | 8,76 | 45,54 |
| c | 952 | 164 | 1116 | 24,0 | 11,14 | 66,96 |
| d | 1150 | 237 | 1387 | 15,2 | 11,52 | 83,22 |
| e | 642 | 396 | 1038 | 15,6 | 10,80 | 62,28 |
| f | 974 | 138 | 1112 | 13,2 | 17,28 | 66,72 |
| g | 732 | 187 | 919 | 17,6 | 9,08 | 55,14 |
| h | 983 | 228 | 1211 | 22,2 | 13,92 | 72,66 |
| i | 879 | 235 | 1114 | 23,2 | 11,04 | 66,84 |
| k | 490 | 85 | 575 | 5,6 | 6,72 | 34,50 |
| l | 8834 | 2056 | 10890 | 49,0 | 122,34 | 653,40 |
| **Monat Februar** | | | | | | |
| a | 2890 | 840 | 3730 | 16,2 | 22,08 | 223,80 |
| b | 427 | 63 | 490 | 30,0 | 8,76 | 29,40 |
| c | 1069 | 220 | 1289 | 19,2 | 11,14 | 77,34 |
| d | 851 | 161 | 1012 | 16,8 | 11,52 | 60,72 |
| e | 329 | 144 | 473 | 12,0 | 10,80 | 28,38 |
| f | 1027 | 185 | 1212 | 13,6 | 17,28 | 72,72 |
| g | 771 | 251 | 1022 | 16,0 | 9,08 | 61,32 |
| h | 1192 | 366 | 1558 | 22,4 | 13,92 | 93,48 |
| i | 686 | 244 | 930 | 17,6 | 11,04 | 55,80 |
| k | 480 | 70 | 550 | 11,2 | 6,72 | 33,-- |
| l | 9722 | 2544 | 12266 | 75,6 | 122,34 | 735,96 |
| **Monat März** | | | | | | |
| a | 2000 | 559 | 2559 | 21,0 | 22,08 | 135,54 |
| b | 356 | 84 | 440 | 30,0 | 8,76 | 26,40 |
| c | 945 | 211 | 1156 | 20,0 | 11,14 | 69,36 |
| d | 923 | 151 | 1074 | 12,8 | 11,52 | 64,44 |
| e | 425 | 156 | 581 | 20,0 | 10,80 | 34,86 |
| f | 791 | 152 | 943 | 19,2 | 17,28 | 56,58 |
| g | 757 | 223 | 980 | 31,2 | 9,08 | 58,80 |
| h | 1395 | 541 | 1936 | 20,8 | 13,92 | 116,16 |
| i | 569 | 194 | 763 | 14,8 | 11,04 | 45,78 |
| k | 496 | 122 | 618 | 13,6 | 6,72 | 37,08 |
| l | 8657 | 2393 | 11050 | 81,8 | 122,34 | 663,00 |

Tabelle 2  (Fortsetzung)

| Betrieb | $A_{Tag}$ | $A_{Nacht}$ | $A_{ges}$ | $P_{max}$ | Grundpreis | Arbeitspreis |
|---|---|---|---|---|---|---|
| Monat April | | | | | | |
| a | 1836 kWh | 551 kWh | 2387 kWh | 24,5 kW | 22,08 DM | 143,22 DM |
| b | 654 | 91 | 745 | 30,5 | 8,76 | 44,70 |
| c | 923 | 195 | 1118 | 28,0 | 11,14 | 67,08 |
| d | 678 | 123 | 801 | 16,0 | 11,52 | 48,06 |
| e | 253 | 83 | 336 | 22,4 | 10,80 | 20,16 |
| f | 866 | 153 | 1019 | 17,7 | 17,28 | 61,14 |
| g | 638 | 166 | 804 | 20,8 | 9,08 | 48,24 |
| h | 1411 | 561 | 1972 | 19,0 | 13,92 | 118,32 |
| i | 569 | 167 | 736 | 22,4 | 11,04 | 44,16 |
| k | 453 | 109 | 562 | 6,8 | 6,72 | 33,72 |
| l | 8281 | 2199 | 10480 | 77,4 | 122,34 | 628,80 |
| Monat Mai | | | | | | |
| a | 1018 | 146 | 1164 | 19,0 | 22,08 | 69,84 |
| b | 487 | 129 | 616 | 32,0 | 8,76 | 36,96 |
| c | 704 | 120 | 824 | 18,4 | 11,14 | 49,44 |
| d | 728 | 141 | 869 | 14,4 | 11,52 | 52,14 |
| e | 263 | 78 | 341 | 13,8 | 10,80 | 20,46 |
| f | 704 | 97 | 801 | 16,0 | 17,28 | 48,06 |
| g | 611 | 117 | 728 | 20,0 | 9,08 | 43,68 |
| h | 1412 | 584 | 1996 | 19,8 | 13,92 | 119,76 |
| i | 560 | 142 | 702 | 19,2 | 11,04 | 42,12 |
| k | 533 | 93 | 626 | 12,0 | 6,72 | 37,56 |
| l | 7020 | 1647 | 8667 | 71,0 | 122,34 | 520,02 |
| Monat Juni | | | | | | |
| a | 970 | 179 | 1149 | 22,2 | 22,08 | 68,94 |
| b | 560 | 143 | 703 | 24,0 | 8,76 | 42,18 |
| c | 587 | 63 | 650 | 17,4 | 11,14 | 39,00 |
| d | 869 | 157 | 1026 | 25,6 | 11,52 | 61,56 |
| e | 376 | 489 | 865 | 14,4 | 10,80 | 51,90 |
| f | 484 | 83 | 567 | 12,2 | 17,28 | 34,02 |
| g | 379 | 71 | 450 | 17,6 | 9,08 | 27,00 |
| h | 895 | 235 | 1130 | 24,8 | 13,92 | 67,80 |
| i | 774 | 303 | 1077 | 22,4 | 11,04 | 64,62 |
| k | 377 | 87 | 464 | 13,6 | 6,72 | 27,84 |
| l | 6271 | 1810 | 8081 | 79,4 | 122,34 | 484,86 |

Tabelle 2   (Fortsetzung)

| Betrieb | $A_{Tag}$ | $A_{Nacht}$ | $A_{ges}$ | $P_{max}$ | Grundpreis | Arbeitspreis |
|---|---|---|---|---|---|---|
| Monat Juli | | | | | | |
| a | 1770 kWh | 213 kWh | 1983 kWh | 20,0 kW | 22,08 DM | 118,98 DM |
| b | 736 | 209 | 945 | 13,6 | 8,76 | 56,70 |
| c | 713 | 102 | 815 | 18,4 | 11,14 | 48,90 |
| d | 1152 | 225 | 1377 | 24,0 | 11,52 | 82,62 |
| e | 666 | 187 | 853 | 16,0 | 10,80 | 51,18 |
| f | 563 | 71 | 634 | 13,6 | 17,28 | 38,04 |
| g | 576 | 109 | 685 | 20,0 | 9,08 | 41,10 |
| h | 936 | 213 | 1149 | 21,6 | 13,92 | 68,94 |
| i | 1351 | 253 | 1604 | 19,2 | 11,04 | 96,24 |
| k | 538 | 94 | 632 | 12,0 | 6,72 | 37,92 |
| l | 9001 | 1676 | 10677 | 86,8 | 122,34 | 640,62 |
| Monat August | | | | | | |
| a | 1902 | 179 | 2081 | 27,0 | 22,08 | 124,86 |
| b | 983 | 263 | 1246 | 27,2 | 8,76 | 74,76 |
| c | 1122 | 121 | 1243 | 29,6 | 11,14 | 74,58 |
| d | 2180 | 269 | 2449 | 20,0 | 11,52 | 146,94 |
| e | 714 | 286 | 1000 | 21,6 | 10,80 | 60,00 |
| f | 599 | 101 | 700 | 12,8 | 17,28 | 42,00 |
| g | 904 | 241 | 1145 | 23,2 | 9,08 | 68,70 |
| h | 1072 | 217 | 1289 | 16,0 | 13,92 | 77,34 |
| i | 1191 | 154 | 1345 | 32,0 | 11,04 | 80,70 |
| k | 444 | 62 | 506 | 12,0 | 6,72 | 30,36 |
| l | 11111 | 1893 | 13004 | 93,6 | 122,34 | 780,24 |
| Monat September | | | | | | |
| a | 1297 | 248 | 1545 | 22,2 | 22,08 | 92,70 |
| b | 564 | 135 | 699 | 32,0 | 8,76 | 41,94 |
| c | 745 | 88 | 833 | 22,4 | 11,14 | 49,98 |
| d | 980 | 136 | 1116 | 17,6 | 11,52 | 66,96 |
| e | 605 | 194 | 799 | 16,8 | 10,80 | 47,94 |
| f | 604 | 98 | 702 | 13,6 | 17,28 | 42,12 |
| g | 476 | 55 | 531 | 27,2 | 9,08 | 31,86 |
| h | 802 | 179 | 981 | 18,4 | 13,92 | 58,86 |
| i | 929 | 107 | 1036 | 33,6 | 11,04 | 62,16 |
| k | 386 | 67 | 453 | 13,6 | 6,72 | 27,18 |
| l | 7388 | 1307 | 8695 | 82,4 | 122,34 | 521,70 |

Tabelle 2 (Fortsetzung)

| Betrieb | $A_{Tag}$ | $A_{Nacht}$ | $A_{ges}$ | $P_{max}$ | Grundpreis | Arbeitspreis |
|---|---|---|---|---|---|---|
| Monat Oktober | | | | | | |
| a | 1738 kWh | 405 kWh | 2143 kWh | 23,4 kW | 22,08 DM | 128,58 DM |
| b | 677 | 100 | 777 | 21,6 | 8,76 | 46,62 |
| c | 826 | 90 | 916 | 20,0 | 11,14 | 54,96 |
| d | 878 | 135 | 1013 | 16,0 | 11,52 | 60,78 |
| e | 387 | 103 | 490 | 12,8 | 10,80 | 29,40 |
| f | 920 | 240 | 1160 | 16,0 | 17,28 | 69,60 |
| g | 798 | 195 | 993 | 28,0 | 9,08 | 59,58 |
| h | 950 | 277 | 1227 | 19,2 | 13,92 | 73,62 |
| i | 906 | 106 | 1012 | 32,0 | 11,04 | 60,72 |
| k | 580 | 88 | 668 | 15,0 | 6,72 | 40,08 |
| l | 8660 | 1739 | 10399 | 103,6 | 122,34 | 623,94 |
| Monat November | | | | | | |
| a | 1336 | 260 | 1596 | 18,0 | 22,08 | 95,76 |
| b | 439 | 99 | 538 | 21,6 | 8,76 | 32,28 |
| c | 667 | 66 | 733 | 24,8 | 11,14 | 43,98 |
| d | 839 | 143 | 982 | 15,0 | 11,52 | 58,92 |
| e | 267 | 59 | 326 | 11,0 | 10,80 | 19,56 |
| f | 1057 | 182 | 1239 | 32,0 | 17,28 | 74,34 |
| g | 1520 | 721 | 2241 | 22,4 | 9,08 | 134,46 |
| h | 877 | 162 | 1039 | 19,2 | 13,92 | 62,34 |
| i | 596 | 94 | 690 | 32,0 | 11,04 | 41,40 |
| k | 540 | 102 | 642 | 15,2 | 6,72 | 38,52 |
| l | 8138 | 1888 | 10026 | 94,8 | 122,34 | 601,56 |
| Monat Dezember | | | | | | |
| a | 1485 | 282 | 1767 | 24,0 | 22,08 | 106,02 |
| b | 581 | 85 | 666 | 33,0 | 8,76 | 39,96 |
| c | 960 | 126 | 1086 | 23,2 | 11,14 | 65,16 |
| d | 908 | 160 | 1068 | 16,0 | 11,52 | 64,08 |
| e | 715 | 156 | 871 | 16,4 | 10,80 | 52,26 |
| f | 1099 | 170 | 1269 | 27,2 | 17,28 | 76,14 |
| g | 843 | 281 | 1124 | 31,2 | 9,08 | 67,44 |
| h | 1088 | 189 | 1277 | 21,6 | 13,92 | 76,62 |
| i | 614 | 94 | 708 | 20,0 | 11,04 | 42,48 |
| k | 544 | 147 | 691 | 9,6 | 6,72 | 41,46 |
| l | 8837 | 1690 | 10527 | 92,0 | 122,34 | 631,62 |

In Tabelle 3 sind Energieverbrauch und Leistungsbedarf für die Monate des Jahres 1958 nochmals für das "Beispieldorf" zusammengestellt. Außerdem findet sich dort der monatliche Verbrauch pro ha landwirtschaftlicher Nutzfläche im "Beispieldorf".

In Tabelle 4 sind die monatlichen Stromkosten, die Gesamtkosten, der Gesamtverbrauch pro haLN im Jahre 1958 für die Richtbetriebe und das "Beispieldorf" zusammengestellt. Diese Darstellung gestattet einen besseren Vergleich der Betriebe.

## Tabelle 3

Energieverbrauch und Leistungsbedarf im "Beispieldorf" 1958

| Monat | $A_{Tag}$ | $A_{Nacht}$ | $A_{ges}$ | $\frac{A_{ges}}{Nutzfläche}$ | $P_{max}$ |
|---|---|---|---|---|---|
| Januar | 8.834 kWh | 2.056 kWh | 10.890 kWh | 54,2 $\frac{kWh}{haLN}$ | 49,0 kW |
| Februar | 9.722 | 2.544 | 12.266 | 61,1 | 75,6 |
| März | 8.657 | 2.393 | 11.050 | 55,0 | 81,8 |
| April | 8.281 | 2.199 | 10,480 | 52,2 | 77,4 |
| Mai | 7.020 | 1.647 | 8.667 | 43,2 | 71,0 |
| Juni | 6.271 | 1.810 | 8.081 | 40,2 | 79,4 |
| Juli | 9.001 | 1.676 | 10.677 | 53,2 | 86,8 |
| August | 11.111 | 1.893 | 13.004 | 64,8 | 93,6 |
| September | 7.388 | 1.307 | 8.695 | 43,3 | 82,4 |
| Oktober | 8.660 | 1.739 | 10.399 | 51,8 | 103,6 |
| November | 8.138 | 1.888 | 10.026 | 49,9 | 94,8 |
| Dezember | 8.837 | 1.690 | 10.527 | 52,4 | 92,0 |
| 1958 | 101.920 | 22.842 | 124.762 | 621,3 | 103,6 |

Aus den vorhandenen Registrierstreifen geht hervor, daß die teilweise sehr hohen Monatsspitzen - z.B. im Betrieb i) im September eine Spitze von 33,6 kW bei nur 60,7 kW installierter Leistung - meistens in den Abendstunden auftreten; nämlich dann, wenn die Hausfrau bereits das Abendessen bereitet, während der Bauer mit seinen Leuten noch in Hof

## Tabelle 4

Stromkosten und Stromverbrauch in den Richtbetrieben und im "Beispieldorf" 1958

| Betrieb | a | b | c | d | e | f | g | h | i | k | l |
|---|---|---|---|---|---|---|---|---|---|---|---|
| Januar (DM) | 121.62 | 54.30 | 78.10 | 94.74 | 73.08 | 84.00 | 64.22 | 86.58 | 77,88 | 41.22 | 775.74 |
| Februar (DM) | 245.88 | 38.16 | 88.48 | 72.24 | 39.18 | 90.00 | 70.40 | 107.40 | 66,84 | 39.72 | 858.20 |
| März (DM) | 175.62 | 35.16 | 80.50 | 75.96 | 45.66 | 73.86 | 67.88 | 130.08 | 56,82 | 43.80 | 785.34 |
| April (DM) | 165.30 | 53.46 | 78.22 | 59.58 | 30.96 | 78.42 | 57.32 | 132.24 | 55,20 | 40.44 | 751.14 |
| Mai (DM) | 91.92 | 45.72 | 60.58 | 63.66 | 31.26 | 65.34 | 52.76 | 133.68 | 53,16 | 44.28 | 642.36 |
| Juni (DM) | 91.02 | 50.94 | 50.14 | 73.08 | 62.70 | 51.30 | 36.08 | 81.72 | 75,66 | 34.56 | 607.20 |
| Juli (DM) | 141.06 | 65.46 | 60.04 | 94.14 | 61.98 | 55.32 | 50.18 | 82.86 | 107,28 | 44.64 | 762.96 |
| August (DM) | 146.94 | 83.52 | 85.72 | 158.46 | 70.80 | 59.28 | 77.78 | 91.26 | 91,74 | 37.08 | 902.58 |
| September (DM) | 114.78 | 50.70 | 61.12 | 78.48 | 58.74 | 59.40 | 40.94 | 72.78 | 73,20 | 33.90 | 644.04 |
| Oktober (DM) | 150.66 | 55.38 | 66.10 | 72.30 | 40.20 | 86.88 | 68.66 | 87.54 | 71,76 | 46.80 | 746.28 |
| November (DM) | 117.84 | 41.04 | 55.12 | 70.44 | 30.36 | 91.62 | 143.54 | 76.26 | 52,44 | 45.24 | 723.90 |
| Dezember (DM) | 128.10 | 48.72 | 76.30 | 75.60 | 63.06 | 93.42 | 76.52 | 90.94 | 53,52 | 48.18 | 753.96 |
| Gesamtkosten (DM) | 1690.74 | 622.56 | 840.42 | 988.68 | 607.98 | 888.84 | 806.28 | 1172.94 | 835,50 | 499.86 | 8953.80 |
| Ges.Verbr. (kWh) | 23.763 | 8.624 | 11.779 | 14.174 | 7.973 | 11.358 | 11.622 | 16.765 | 11.717 | 6.987 | 124.762 |
| spez. Kosten (Pfg/kWh) | 7,1 | 7,2 | 7,1 | 7,0 | 7,6 | 7,8 | 6,9 | 7,0 | 7,1 | 7,2 | 7,2 |
| spez. Verbr. (kWh/haLN·a) | 479,1 | 927,3 | 684,8 | 766,2 | 569,5 | 344,2 | 968,5 | 698,5 | 770,9 | 873,4 | 621,3 |

und Stall arbeitet. Die einfache Bedienung der modernen landwirtschaftlichen Maschinen und ihre halb- oder ganzautomatische Arbeitsweise gestatten es dem Bauern, mehrere Arbeiten gleichzeitig durchzuführen. Dadurch kann eine solch starke Gleichzeitigkeit hervorgerufen werden.

Bei Untersuchungen zur Elektrifizierung der Landwirtschaft bietet die Angabe des jährlichen Stromverbrauchs pro ha landwirtschaftlicher Nutzfläche gute Vergleichsmöglichkeiten. Im Jahre 1958 betrug der mittlere Verbrauch der Landwirtschaft in der Bundesrepublik Deutschland 119 kWh/haLN · a; in den untersuchten Richtbetrieben lag dieser Wert im gleichen Zeitraum bei durchschnittlich 621,3 kWh/haLN · a. In Abbildung 4 ist gezeigt, wie sich der durchschnittliche Stromverbrauch je ha LN in den Richtbetrieben auf die Monate des Jahres 1958 verteilt.

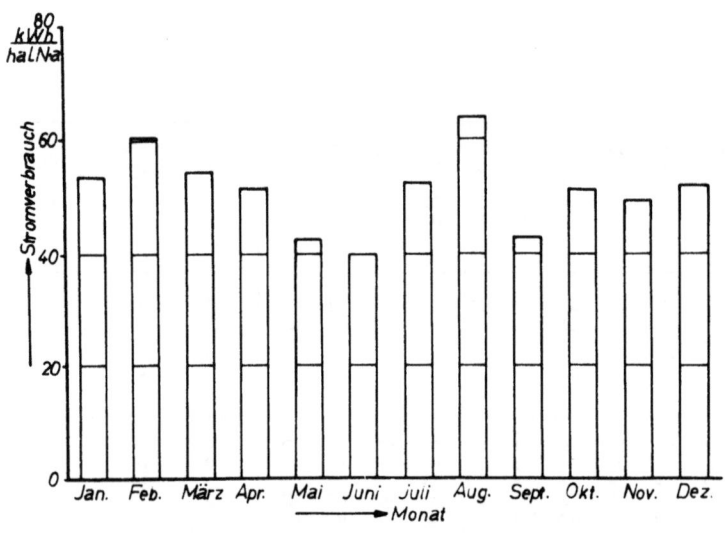

A b b i l d u n g   4

Monatlicher Stromverbrauch pro haLN im "Beispieldorf" im Jahre 1958

2. Die Belastungskurve eines Richtbetriebes und ihre Analyse

Die vorliegenden Belastungskurven der einzelnen Richtbetriebe bedürfen einer eingehenden Prüfung hinsichtlich der Art der jeweils eingeschalteten elektrischen Maschinen und Geräte. Im Rahmen dieses Berichtes kann die Analyse für alle zehn Betriebe des Umfanges wegen nicht wiedergegeben werden. Es soll daher an einer für die zehn Richtbetriebe typischen und charakteristischen Tagesbelastungskurve eine Analyse durchgeführt werden, deren Ergebnisse allgemein gültig sind. In Abbildung 5 ist das Diagramm der Tagesbelastung eines Richtbetriebes von Sonntag, dem 31. August wiedergegeben. Durch die Befragungsliste über den Einsatz elektrischer Geräte wurde festgestellt, welche Geräte zu den verschiedenen Tageszeiten eingeschaltet waren. In der Abbildung sind diese Geräte eingetragen.

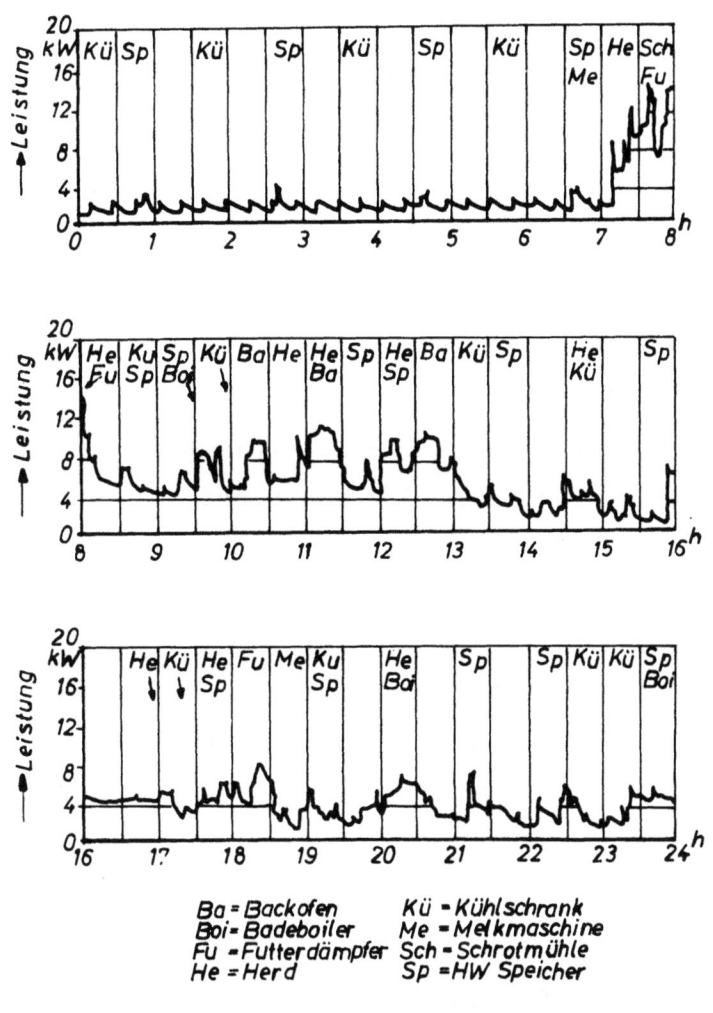

Ba = Backofen   Kü = Kühlschrank
Boi = Badeboiler   Me = Melkmaschine
Fu = Futterdämpfer   Sch = Schrotmühle
He = Herd   Sp = HW Speicher

Abbildung 5

Belastungskurve eines Richtbetriebes und ihre Analyse

Für die vorliegende Darstellung wurde bewußt ein Sonntag gewählt, weil anzunehmen war, daß am Sonntag nur die notwendigen Arbeiten durchgeführt werden, d.h., daß sonntags gewissermaßen nur die Grundbelastung vorhanden ist. Tatsächlich ist diese Grundlast, abgesehen von der am 31. August zufälligen Backbelastung, wochentags in fast gleicher Höhe und zu gleichen Zeiten zu verzeichnen. Ihr überlagert sich dann noch die eigentliche Arbeitsbelastung. Über deren Größe und Verlauf kann man jedoch keine allgemein gültigen Aussagen machen, denn sie ist von Hof zu Hof sehr verschieden. In allen Betrieben ist beispielsweise in Abständen von drei bis vier Wochen namentlich in der ersten Hälfte der Woche, günstiges Wetter vorausgesetzt, eine größere Belastung durch die Waschmaschine zu beobachten. Sie liegt in der Größenordnung von 6 bis 10 kW. Meist tritt sie vormittags auf; ihre durchschnittliche Dauer ist zwei bis drei Stunden. Diese Waschspitze wird in den folgenden Tagen durch die gleichmäßige Bügeleisenbelastung in der Größenordnung von 1 kW abgelöst. Samstags und sonntags ist bei allen Betrieben ein etwas stärkerer Warmwasserverbrauch zu verzeichnen. Besonders die Badeboiler machen sich in den Belastungskurven bemerkbar; sie sind in den verschiedenen Betrieben fast gleichzeitig eingeschaltet. Sie tragen daher wesentlich zur Ortsspitze bei. In den Betrieben mit maschineller Stallentmistung wurde in der Zeit zwischen 6 und 7 Uhr und zwischen 18 und 19 Uhr eine Belastung in Höhe von 3 kW registriert. Diese Belastung tritt regelmäßig auf und kann daher zur Grundlast gezählt werden.

Aus der Abbildung geht hervor, daß der Futterdämpfer am 31. August morgens und abends eingeschaltet war. Das ist nicht üblich. Er ist in der Regel abends eingeschaltet; ebenso wird in den Betrieben auch die Schrotmühle meist abends eingesetzt. Während in den Wintermonaten in fast allen Betrieben zusätzlich mit Kohle gekocht wird, ist in den Sommermonaten der Kochbetrieb voll elektrisch. Darüber hinaus macht sich im Sommer der Einkochvorgang durch erhöhten Stromverbrauch bemerkbar. Im Gegensatz zum Kochen ist der Belastungsverlauf beim Einkochen sehr gleichmäßig.

Sofern nicht mit Mähdreschern gearbeitet wird (vgl. Seite 64), bringt der Dreschbetrieb im Herbst und Winter unangenehme Dreschspitzen mit sich, da dann der Grundlast jeweils eine Dreschlast in Höhe von etwa 10 kW überlagert wird. Die Bauern dreschen ihre Ernte nicht auf einmal, sondern in mehreren Portionen und je nach Bedarf. Daher dauert die jeweilige Dreschbelastung in einem Hof in der Regel nur zwei bis drei Stunden.

### 3. Benutzungsdauer und Gleichzeitigkeitsfaktor in den Richtbetrieben und im "Beispieldorf"

Die Benutzungsdauer der Höchstlast $T_m$ ist nach Gleichung (1) aus den gemessenen Werten zu errechnen. Ebenso ergibt sich der Gleichzeitigkeitsfaktor g des "Beispieldorfes" nach Gleichung (2). Der Gleichzeitigkeitsfaktor der einzelnen Abnehmer läßt sich jedoch nicht übereinstimmend mit den Begriffsbestimmungen der VDEW [2] nach Gleichung (2) ermitteln. Statt dessen wird daher ein "Verbrauchsfaktor", entsprechend dem englischen "demandfactor", vorgeschlagen, wobei $P_{inst}$ die Leistung der beim einzelnen Abnehmer installierten elektrischen Geräte ist [6]:

$$g' = \frac{P_{max}}{P_{inst}} \qquad (3)$$

In Tabelle 5 sind die errechneten Werte für $T_m$ und $g'$ zusammengestellt. Für das "Beispieldorf" wird neben dem Verbrauchsfaktor $g'$ ($l_1$) auch der Gleichzeitigkeitsfaktor $g$ ($l_2$) angegeben.

### Tabelle 5

Benutzungsdauer und Verbrauchs- bzw. Gleichzeitigkeitsfaktor in den Richtbetrieben und im "Beispieldorf" 1958

| Betrieb | $A_{ges}$ | $P_{max}$ | $\Sigma P_{max}$ | $P_{inst}$ | $T_m$ | $g'$ |
|---|---|---|---|---|---|---|
| a | 23.763 kWh | 27,0 kW | | 89,2 kW | 880 h | 30,3 % |
| b | 8.624 | 33,0 | | 64,2 | 261 | 51,4 |
| c | 11.779 | 29,6 | | 60,0 | 398 | 49,3 |
| d | 14.174 | 25,6 | | 74,3 | 554 | 34,5 |
| e | 7.973 | 22,4 | | 58,4 | 356 | 38,4 |
| f | 11.358 | 32,0 | | 57,7 | 355 | 55,5 |
| g | 11.622 | 31,2 | | 69,9 | 373 | 44,6 |
| h | 16.765 | 24,8 | | 61,1 | 676 | 40,6 |
| i | 11.717 | 33,6 | | 60,7 | 349 | 55,4 |
| k | 6.987 | 15,2 | 274,4 kW | 33,1 | 460 | 45,9 |
| $f_1$ | 8.850 | 19,2 | | 47,7 | 553 | 40,3*) |
| $f_2$ | 2.500 | 32,0 | | 57,7 | 470 | 55,5*) |
| $l_1$ | 124.762 | 103,6 | | 628,6 | 1.204 | 16,5 |
| $l_2$ | | 103,6 | 274,4 | | | 37,8 % |

\* Im Betrieb f wurde die installierte Leistung Anfang November 1958 durch Inbetriebnahme eines Motors um 10 kW (21 %) vergrößert. Entsprechend waren Benutzungsdauer und Verbrauchsfaktor bis Oktober 1958 einschließlich ($f_1$) und ab November 1958 ($f_2$) verschieden (die Werte $T_m$ sind auch hier auf ein volles Jahr bezogen).

Die Betriebe a), d) und h) weisen eine verhältnismäßig hohe Benutzungsdauer auf. Das hat folgende Gründe: Die Betriebe a) und h) sind gute Nachtstromverbraucher, in beiden Betrieben ist ein Heißwasser-Zweikreisspeicher (Schnellaufheizung: 6 kW; Grundheizung: 1 kW) mit seiner Grundleistung über den Thermostaten dauernd eingeschaltet. Ferner sind die Kühlanlagen dauernd in Betrieb. Im Betrieb a) ist der Futterdämpfer regelmäßig nachts, im Betrieb h) meistens nachts eingeschaltet. In den

Betrieben a) und d) wird während des ganzen Jahres elektrisch gekocht. Im Betrieb d) wirkt sich die Getreideernte mittels Mähdrescher und die somit erforderliche Körnertrocknungsanlage sehr günstig aus (hierauf wird später noch eingegangen).

Die sehr geringe Benutzungsdauer im Betrieb b) ist vor allen Dingen auf das Vorhandensein eines 18-kW-Durchlauferhitzers (28 % der installierten Leistung!) zurückzuführen, der kurzzeitige, sehr hohe Belastungsspitzen erzeugt. Bei der anschließenden Untersuchung der Verhältnisse im "Beispieldorf" wird die Belastung durch diesen Durchlauferhitzer nicht berücksichtigt.

Aus dem Jahresverbrauch von 124.762 kWh und der Jahresspitze von 103,6 kW folgt für das "Beispieldorf" eine Benutzungsdauer von 1204 Stunden (13,7 %). Der Gleichzeitigkeitsfaktor beträgt 37,8 %.

Die erzielten Benutzungsstundenzahlen der untersuchten Richtbetriebe sind in Abbildung 6 über der jeweils vorliegenden installierten Leistung, in Abbildung 7 über dem jeweiligen Jahresverbrauch aufgetragen. Wenn auch der am stärksten elektrifizierte Betrieb a) die größte Benutzungsdauer (und den kleinsten Verbrauchsfaktor - Tabelle 5) aufweist, so geht aus Abbildung 6 doch eindeutig hervor, daß eine vermehrte Installation elektrischer Maschinen und Geräte allein nur eine beschränkte Erhöhung der Benutzungsdauer erzeugen kann. Die wichtigste Forderung ist vielmehr eine ausgeglichene Belastungskurve, die wiederum mit zunehmender Zahl von installierten Maschinen und Geräten um so leichter zu erreichen ist. Man wird immer bemüht sein, diesen Ausgleich durch Auffüllen der Täler, d.h. durch vermehrten Absatz und weniger durch Abbau der Spitzen herbeizuführen.

Tatsächlich zeigt Abbildung 7, daß Betriebe mit hohem Stromverbrauch i.a. auch eine hohe Benutzungsdauer erreichen.

Die Benutzungsdauer in den Richtbetrieben kann demnach erhöht werden, wenn mit dem jetzt vorhandenen Geräte- und Maschinenpark mehr Strom verbraucht wird, da die Bauern teilweise noch gar nicht alle Möglichkeiten der Elektrizitätsanwendung in ihren Betrieben ausnützen. Auf weitere Verbesserungsmöglichkeiten wird später eingegangen.

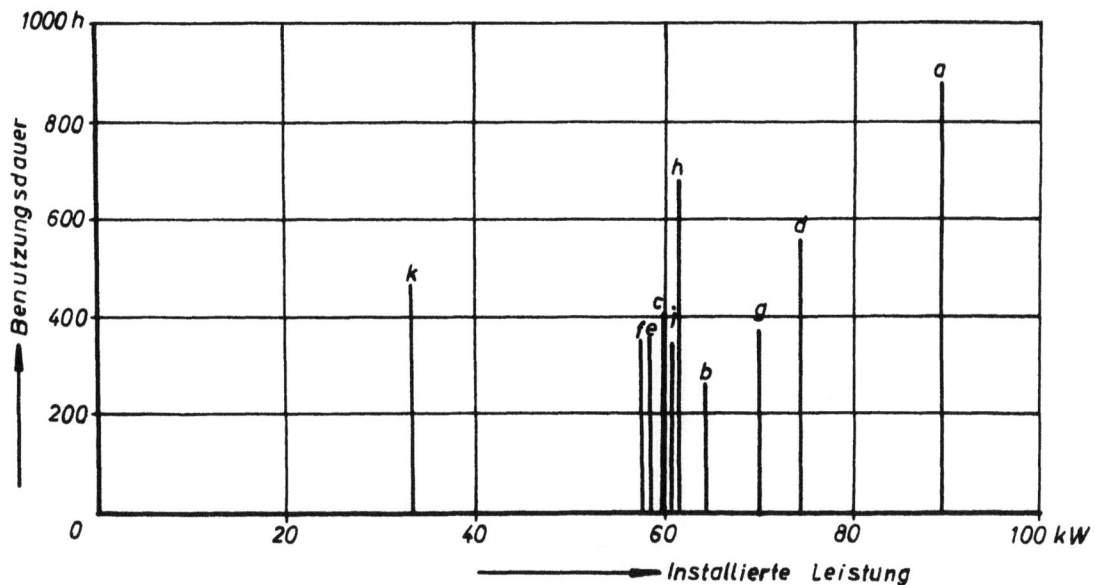

Abbildung 6

Die Benutzungsdauer der Richtbetriebe in Abhängigkeit von der installierten Leitsung

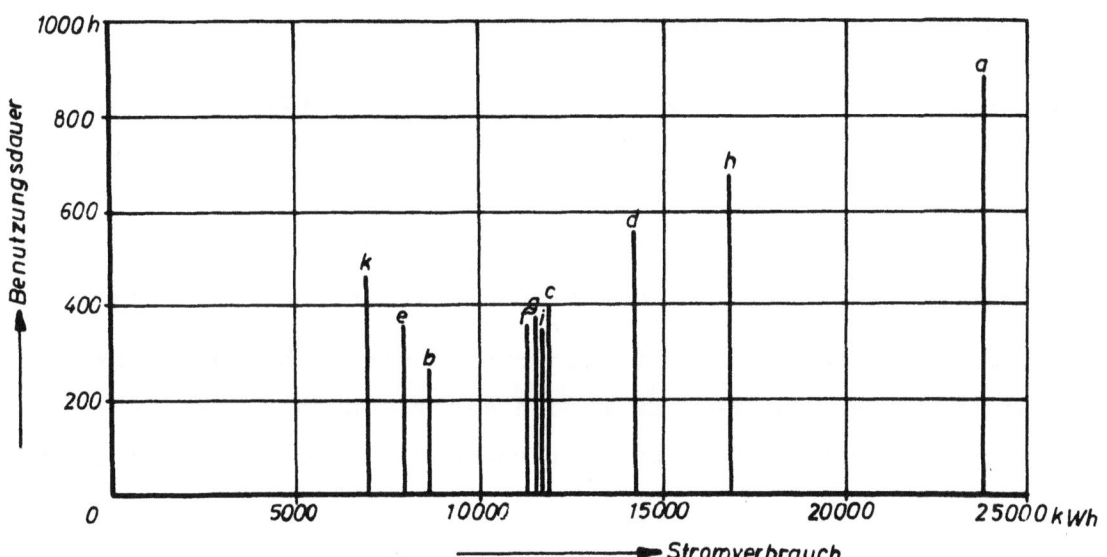

Abbildung 7

Die Benutzungsdauer der Richtbetriebe in Abhängigkeit vom Stromverbrauch

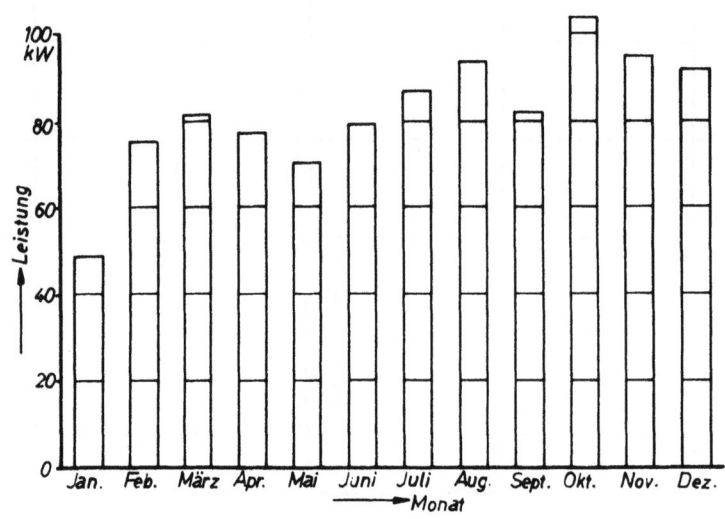

A b b i l d u n g   8

Die Monatsspitzen im "Beispieldorf" im Jahre 1958

## 4. Weitere Untersuchungen im "Beipieldorf"

Im Abschnitt I wurde bereits von der Notwendigkeit gesprochen, aus den untersuchten Richtbetrieben ein "Beispieldorf" zusammenzusetzen. Die in den Richtbetrieben registrierten Belastungskurven sollten zeitgleich addiert werden, so daß sich als Summe die Belastung einer ländlichen Ortsnetzstation mit zehn rein landwirtschaftlichen Abnehmern ergibt.

Diese Addierung konnte aus zeitlichen Gründen nicht über das ganze Jahr durchgehend ausgeführt werden. Es wurden daher zunächst nur die täglichen Ortsspitzen und der Zeitpunkt ihres Auftretens ermittelt (Tab. 6 bis 17).

Aus der Zusammenstellung der täglichen Ortsspitzen wurden die Monatsspitzen und die Jahresspitze ermittelt. In Abbildung 8 ist der Verlauf der Monatsspitzen im Jahre 1958 dargestellt. Für jeden Monat wurde der Tag mit der größten Spitze als sogenannter "ungünstigster" Tag bezeichnet.

Für die ungünstigsten Tage aller 12 Monate wurden die Tagesbelastungskurven durch genaue Addition der zehn zeitgleichen Leistungen konstruiert. Es wurde in Intervallen von je 15 Minuten addiert. Diese Tagesbelastungskurven der ungünstigsten Tage sind auf den folgenden Seiten in den Abbildungen 9 bis 20 wiedergegeben.

## Tabelle 6

Verteilung der Tagesspitzen im "Beispieldorf" im Monat Januar 1958 (Angabe in kW)

| Uhrzeit / Datum | 5-6 | 6-7 | 7-8 | 8-9 | 9-10 | 10-11 | 11-12 | 12-13 | 13-14 | 14-15 | 15-16 | 16-17 | 17-18 | 18-19 | 19-20 | 20-21 | 21-22 |
|---|---|---|---|---|---|---|---|---|---|---|---|---|---|---|---|---|---|
| 1 So |  |  |  |  |  |  |  |  |  |  |  |  |  |  |  |  |  |
| 2 |  |  |  |  |  |  |  |  |  |  |  |  |  |  |  |  |  |
| 3 |  |  |  |  |  |  |  |  |  |  |  |  |  |  |  |  |  |
| 4 |  |  |  |  |  |  |  |  |  |  |  |  |  |  |  |  |  |
| 5 So |  |  |  |  |  |  |  |  |  |  |  |  |  |  |  |  |  |
| 6 |  | Schlechte Verkehrsverhältnisse |  |  |  |  |  |  |  |  |  |  |  |  |  |  |  |
| 7 |  |  |  |  |  |  |  |  |  |  |  |  |  |  |  |  |  |
| 8 |  |  |  |  |  |  |  |  |  |  |  |  |  |  |  |  |  |
| 9 |  |  |  |  |  |  |  |  |  |  |  |  |  |  |  |  |  |
| 10 |  |  |  |  |  |  |  |  |  |  |  |  |  |  |  |  |  |
| 11 |  |  |  |  |  |  |  |  |  |  |  |  |  |  |  |  |  |
| 12 So |  |  |  |  |  |  |  |  |  |  |  |  |  |  |  |  |  |
| 13 |  |  | 35,0 |  |  |  |  |  |  |  |  |  |  |  |  |  |  |
| 14 |  |  |  |  |  |  | 48,0 |  |  |  |  |  |  |  |  |  |  |
| 15 |  |  |  |  |  | 31,8 |  |  |  |  |  |  |  |  |  |  |  |
| 16 |  |  |  |  |  |  |  |  |  |  |  |  |  | 40,5 |  |  |  |
| 17 |  |  |  |  |  |  |  |  |  |  |  |  |  | 44,0 |  |  |  |
| 18 |  |  |  |  |  |  |  |  |  |  |  |  |  | 48,8 |  |  |  |
| 19 So |  |  | 29,0 |  |  |  |  |  |  |  |  |  |  |  |  |  |  |
| 20 |  |  |  | 39,8 |  |  |  |  |  |  |  |  |  |  |  |  |  |
| 21 |  |  |  |  |  |  |  | 38,3 |  |  |  |  |  |  |  |  |  |
| 22 |  |  |  |  |  |  |  |  |  | 35,6 |  |  |  |  |  |  |  |
| 23 |  |  |  |  |  | 33,0 |  |  |  |  |  |  |  |  |  |  |  |
| 24 |  |  |  |  | 45,5 |  |  |  |  |  |  |  |  |  |  |  |  |
| 25 |  |  |  |  |  |  |  |  |  |  |  |  |  |  | 38,0 |  |  |
| 26 So |  |  |  | 32,0 |  |  |  |  |  |  |  |  |  |  |  |  |  |
| 27 |  |  |  | 28,0 |  |  |  |  |  |  |  |  |  |  |  |  |  |
| 28 |  |  |  |  |  |  |  |  |  | 49,0 |  |  |  |  |  |  |  |
| 29 |  |  |  | 36,6 |  |  |  |  |  |  |  |  |  |  |  |  |  |
| 30 |  | 33,0 |  |  |  |  |  |  |  |  |  |  |  |  |  |  |  |
| 31 |  |  | Störung! |  |  |  |  |  |  |  |  |  |  |  |  |  |  |

Monatsspitze: 49,0 kW  Gesamtverbrauch: 10.890 kWh
Summe der Monatsspitzen aller Abnehmer (Tab. 2): 181,8 kW
Gleichzeitigkeitsfaktor: 27,0 %  Benutzungsdauer: 2.667 h

## Tabelle 7

Verteilung der Tagesspitzen im "Beispieldorf" im Monat Februar 1958 (Angabe in kW)

| Datum \ Uhrzeit | 5-6 | 6-7 | 7-8 | 8-9 | 9-10 | 10-11 | 11-12 | 12-13 | 13-14 | 14-15 | 15-16 | 16-17 | 17-18 | 18-19 | 19-20 | 20-21 | 21-22 |
|---|---|---|---|---|---|---|---|---|---|---|---|---|---|---|---|---|---|
| 1 | | | | | | | | 53,8 | | | | | | | | | |
| 2 So | | | | | 45,6 | | | | | | | | | | | | |
| 3 | | | | | | | | | | | | | 75,6 | | | | |
| 4 | | | | | 62,6 | | | | | | | | | | | | |
| 5 | | 41,5 | | | | | | | | | | | | | | | |
| 6 | | 40,8 | | | | | | | | | | | | | | | |
| 7 | | 50,0 | | | | | | | | | | | | | | | |
| 8 | | 46,2 | | | | | | | | | | | | | | | |
| 9 So | | | | | | | | | | | | | | | 41,2 | | |
| 10 | | | | | | | 48,8 | | | | | | | | | | |
| 11 | | | 50,2 | | | | | | | | | | | | | | |
| 12 | | | | | 44,1 | | | | | | | | | | | | |
| 13 | | | | | | | | | | | | | | | | | |
| 14 | | | | | | | | | | | | | | | | | |
| 15 | | | | | | | | | | | | | | | | | |
| 16 So | | | | | | | | | | | | | | | | | |
| 17 | | | | | | | | | | | | | | | | | |
| 18 | | | | | | | | | | | | | | | | | |
| 19 | | | Schlechte Verkehrsverhältnisse ! | | | | | | | | | | | | | | |
| 20 | | | | | | | | | | | | | | | | | |
| 21 | | | | | | | | | | | | | | | | | |
| 22 | | | | | | | | | | | | | | | | | |
| 23 So | | | | | | | | | | | | | | | | | |
| 24 | | | | | | | | | | | | | | | | | |
| 25 | | | | | | | | | | | | | | | | | |
| 26 | | | | 58,2 | | | | | | | | | | | | | |
| 27 | | | | | | | | | | 48,6 | | | | | | | |
| 28 | | | | | | | 58,3 | | | | | | | | | | |
| -- | | | | | | | | | | | | | | | | | |
| -- | | | | | | | | | | | | | | | | | |
| -- | | | | | | | | | | | | | | | | | |

Monatsspitze: 75,6 kW  Gesamtverbrauch: 12.266 kWh
Summe der Monatsspitzen aller Abnehmer (Tab. 2): 175,0 kW
Gleichzeitigkeitsfaktor: 43,2 %  Benutzungsdauer: 1947 h

## Tabelle 8

### Verteilung der Tagesspitzen im "Beispieldorf" im Monat März 1958 (Angabe in kW)

| Datum \ Uhrzeit | 5-6 | 6-7 | 7-8 | 8-9 | 9-10 | 10-11 | 11-12 | 12-13 | 13-14 | 14-15 | 15-16 | 16-17 | 17-18 | 18-19 | 19-20 | 20-21 | 21-22 |
|---|---|---|---|---|---|---|---|---|---|---|---|---|---|---|---|---|---|
| 1 | | | | | | | 81,8 | | | | | | | | | | |
| 2 So | | | | | | | 68,8 | | | | | | | | | | |
| 3 | | | | | | | 58,2 | | | | | | | | | | |
| 4 | | 79,3 | | | | | | | | | | | | | | | |
| 5 | | | 57,2 | | | | | | | | | | | | | | |
| 6 | | | 59,8 | | | | | | | | | | | | | | |
| 7 | | 58,0 | | | | | | | | | | | | | | | |
| 8 | | | | | | | 62,2 | | | | | | | | | | |
| 9 So | | | | | | | 49,3 | | | | | | | | | | |
| 10 | | | | | | | 63,4 | | | | | | | | | | |
| 11 | | 63,0 | | | | | | | | | | | | | | | |
| 12 | | | | | | | | | | | 63,4 | | | | | | |
| 13 | | | | | | 50,6 | | | | | | | | | | | |
| 14 | | | | | 47,8 | | | | | | | | | | | | |
| 15 | | | | | | | | | | 41,7 | | | | | | | |
| 16 So | | | | 45,6 | | | | | | | | | | | | | |
| 17 | | | | | | | | | | | | | 48,6 | | | | |
| 18 | | | | | | | 60,4 | | | | | | | | | | |
| 19 | | | | | | | 44,4 | | | | | | | | | | |
| 20 | | | | | | 66,0 | | | | | | | | | | | |
| 21 | | | | | | | 44,0 | | | | | | | | | | |
| 22 | | | | | | | | | | | | | | | 64,4 | | |
| 23 So | | | | 49,4 | | | | | | | | | | | | | |
| 24 | | | | | | | | | | | | 57,6 | | | | | |
| 25 | | | | | | | 80,4 | | | | | | | | | | |
| 26 | | | 42,8 | | | | | | | | | | | | | | |
| 27 | | | | | | 43,0 | | | | | | | | | | | |
| 28 | | | | | | 50,4 | | | | | | | | | | | |
| 29 | | | | | | 54,0 | | | | | | | | | | | |
| 30 So | | | | | 33,6 | | | | | | | | | | | | |
| 31 | | | | | | | | 40,1 | | | | | | | | | |

Monatsspitze: 81,8 kW   Gesamtverbrauch: 11.050 kWh
Summe der Monatsspitzen aller Abnehmer (Tab. 2): 203,4 kW
Gleichzeitigkeitsfaktor: 40,2 %   Benutzungsdauer: 1621 h

## Tabelle 9

Verteilung der Tagesspitzen im "Beispieldorf" im Monat April 1958 (Angabe in kW)

| Uhrzeit\Datum | 5-6 | 6-7 | 7-8 | 8-9 | 9-10 | 10-11 | 11-12 | 12-13 | 13-14 | 14-15 | 15-16 | 16-17 | 17-18 | 18-19 | 19-20 | 20-21 | 21-22 |
|---|---|---|---|---|---|---|---|---|---|---|---|---|---|---|---|---|---|
| 1 | | | | | | 51,4 | | | | | | | | | | | |
| 2 | | | | | | | 68,8 | | | | | | | | | | |
| 3 | | | 62,8 | | | | | | | | | | | | | | |
| 4 So | | | 54,6 | | | | | | | | | | | | | | |
| 5 | | | | | | | | | | | | | | | 65,1 | | |
| 6 So | | | 49,0 | | | | | | | | | | | | | | |
| 7 So | | | | | | | | | | | | | | 46,9 | | | |
| 8 | | | | | | | | | | | 57,5 | | | | | | |
| 9 | | | | | 55,1 | | | | | | | | | | | | |
| 10 | | | | | | 51,8 | | | | | | | | | | | |
| 11 | | | | | | | | | | | | 63,8 | | | | | |
| 12 | | | | | | | 59,8 | | | | | | | | | | |
| 13 So | | | 70,6 | | | | | | | | | | | | | | |
| 14 | | | | | | | 67,0 | | | | | | | | | | |
| 15 | | | | | | 77,4 | | | | | | | | | | | |
| 16 | | | | | | | | | | | | | | | 61,8 | | |
| 17 | | | 65,2 | | | | | | | | | | | | | | |
| 18 | | | | | | | | | 68,4 | | | | | | | | |
| 19 | 66,1 | | | | | | | | | | | | | | | | |
| 20 So | | | | | | | | | | | | | | | 46,0 | | |
| 21 | | | | | | | | | | | | | | | 51,4 | | |
| 22 | | | | | 60,2 | | | | | | | | | | | | |
| 23 | | | | | | | | | | | 57,0 | | | | | | |
| 24 | | | | | 61,6 | | | | | | | | | | | | |
| 25 | | | | | | 65,4 | | | | | | | | | | | |
| 26 | | | | | | | | | | | 74,2 | | | | | | |
| 27 So | | | 55,2 | | | | | | | | | | | | | | |
| 28 | | | | | | | | | 64,6 | | | | | | | | |
| 29 | | | | | 68,2 | | | | | | | | | | | | |
| 30 | | | | | | | | | | | | | | 43,8 | | | |
| -- | | | | | | | | | | | | | | | | | |

Monatsspitze: 77,4 kW  Gesamtverbrauch: 10.480 kWh
Summe der Monatsspitzen aller Abnehmer (Tab. 2): 208,1 kW
Gleichzeitigkeitsfaktor: 37,2 %  Benutzungsdauer: 1625 h

## Tabelle 10

Verteilung der Tagesspitzen im "Beispieldorf" im Monat Mai 1958 (Angabe in kW)

| Datum \ Uhrzeit | 5-6 | 6-7 | 7-8 | 8-9 | 9-10 | 10-11 | 11-12 | 12-13 | 13-14 | 14-15 | 15-16 | 16-17 | 17-18 | 18-19 | 19-20 | 20-21 | 21-22 |
|---|---|---|---|---|---|---|---|---|---|---|---|---|---|---|---|---|---|
| 1 So |  |  | 41,4 |  |  |  |  |  |  |  |  |  |  |  |  |  |  |
| 2 |  |  |  |  |  |  |  |  |  |  |  |  |  | 56,2 |  |  |  |
| 3 |  |  |  |  |  |  |  |  |  |  |  |  |  | 71,0 |  |  |  |
| 4 So |  |  |  | 49,4 |  |  |  |  |  |  |  |  |  |  |  |  |  |
| 5 |  |  |  |  |  |  |  |  |  |  |  |  |  | 65,6 |  |  |  |
| 6 |  |  |  |  |  |  |  |  |  |  |  |  |  | 62,0 |  |  |  |
| 7 |  |  |  |  |  |  |  |  |  |  |  |  |  |  | 37,6 |  |  |
| 8 |  |  |  |  |  |  |  |  |  |  |  |  |  | 71,0 |  |  |  |
| 9 |  |  |  |  |  |  |  |  |  |  |  |  |  | 47,0 |  |  |  |
| 10 |  |  |  |  | 50,4 |  |  |  |  |  |  |  |  |  |  |  |  |
| 11 So |  |  |  |  |  |  | 32,2 |  |  |  |  |  |  |  |  |  |  |
| 12 |  | 44,2 |  |  |  |  |  |  |  |  |  |  |  |  |  |  |  |
| 13 |  |  |  |  |  |  |  |  |  |  |  |  |  |  | 44,8 |  |  |
| 14 | 51,0 |  |  |  |  |  |  |  |  |  |  |  |  |  |  |  |  |
| 15 So |  |  |  |  |  |  | 37,6 |  |  |  |  |  |  |  |  |  |  |
| 16 |  |  | 39,6 |  |  |  |  |  |  |  |  |  |  |  |  |  |  |
| 17 |  |  |  |  |  |  |  |  |  |  |  |  |  | 71,0 |  |  |  |
| 18 So |  |  |  | 39,2 |  |  |  |  |  |  |  |  |  |  |  |  |  |
| 19 |  |  |  |  | 52,2 |  |  |  |  |  |  |  |  |  |  |  |  |
| 20 |  |  |  |  |  |  |  |  |  |  |  |  |  | 45,8 |  |  |  |
| 21 |  | 41,4 |  |  |  |  |  |  |  |  |  |  |  |  |  |  |  |
| 22 |  | 39,2 |  |  |  |  |  |  |  |  |  |  |  |  |  |  |  |
| 23 |  |  |  |  |  |  |  |  |  |  |  |  |  | 45,8 |  |  |  |
| 24 |  |  |  | 52,4 |  |  |  |  |  |  |  |  |  |  |  |  |  |
| 25 So |  |  |  |  |  |  | 35,9 |  |  |  |  |  |  |  |  |  |  |
| 26 So |  |  |  |  |  |  |  |  |  |  |  |  |  |  |  | 38,3 |  |
| 27 |  |  |  |  |  |  |  |  | 51,4 |  |  |  |  |  |  |  |  |
| 28 |  |  |  |  |  | 40,1 |  |  |  |  |  |  |  |  |  |  |  |
| 29 |  |  |  |  |  | 44,3 |  |  |  |  |  |  |  |  |  |  |  |
| 30 |  |  |  |  |  |  |  |  |  |  |  |  |  | 53,8 |  |  |  |
| 31 |  |  |  |  |  | 45,2 |  |  |  |  |  |  |  |  |  |  |  |

Monatsspitze: 71,0 kW  Gesamtverbrauch: 8.667 kWh
Summe der Monatsspitzen aller Abnehmer (Tab. 2): 184,6 kW
Gleichzeitigkeitsfaktor: 38,5 %  1465 h

## Tabelle 11

### Verteilung der Tagesspitzen im "Beispieldorf" im Monat Juni 1958 (Angabe in kW)

| Datum \ Uhrzeit | 5-6 | 6-7 | 7-8 | 8-9 | 9-10 | 10-11 | 11-12 | 12-13 | 13-14 | 14-15 | 15-16 | 16-17 | 17-18 | 18-19 | 19-20 | 20-21 | 21-22 |
|---|---|---|---|---|---|---|---|---|---|---|---|---|---|---|---|---|---|
| 1 So  |   |   |      |      | 38,4 |      |      |      |      |      |   |   |   |      |      |      |   |
| 2     |   |   | 55,2 |      |      |      |      |      |      |      |   |   |   |      |      |      |   |
| 3     |   |   |      |      |      | 39,4 |      |      |      |      |   |   |   |      |      |      |   |
| 4     |   |   |      |      |      |      | 46,4 |      |      |      |   |   |   |      |      |      |   |
| 5 So  |   |   |      |      |      |      | 36,8 |      |      |      |   |   |   |      |      |      |   |
| 6     |   |   |      |      |      |      |      |      |      |      |   |   |   | 44,6 |      |      |   |
| 7     |   |   |      |      |      | 44,0 |      |      |      |      |   |   |   |      |      |      |   |
| 8 So  |   |   |      |      |      |      | 27,8 |      |      |      |   |   |   |      |      |      |   |
| 9     |   |   |      |      | 67,0 |      |      |      |      |      |   |   |   |      |      |      |   |
| 10    |   |   |      |      |      |      |      |      |      |      |   |   |   | 39,6 |      |      |   |
| 11    |   |   |      |      |      |      |      |      |      |      |   |   |   |      | 38,4 |      |   |
| 12    |   |   |      |      |      |      |      |      |      |      |   |   |   |      | 41,0 |      |   |
| 13    |   |   |      |      |      |      |      |      |      |      |   |   |   |      | 51,6 |      |   |
| 14    |   |   |      |      |      |      |      |      |      |      |   |   |   | 70,6 |      |      |   |
| 15 So |   |   |      |      |      |      | 38,4 |      |      |      |   |   |   |      |      |      |   |
| 16    |   |   |      |      |      |      |      |      |      |      |   |   |   | **79,4** |  |   |   |
| 17 So |   |   |      |      |      |      |      | 62,0 |      |      |   |   |   |      |      |      |   |
| 18    |   |   |      | 51,4 |      |      |      |      |      |      |   |   |   |      |      |      |   |
| 19    |   |   |      |      | 42,8 |      |      |      |      |      |   |   |   |      |      |      |   |
| 20    |   |   |      |      |      | 52,4 |      |      |      |      |   |   |   |      |      |      |   |
| 21    |   |   |      |      |      |      |      |      |      |      |   |   |   |      | 56,4 |      |   |
| 22 So |   |   |      |      |      |      |      |      |      |      |   |   |   |      |      | 54,6 |   |
| 23    |   |   |      |      |      |      |      |      |      |      |   |   |   |      | 61,8 |      |   |
| 24    |   |   |      |      |      |      |      |      | 72,4 |      |   |   |   |      |      |      |   |
| 25    |   |   |      | 45,2 |      |      |      |      |      |      |   |   |   |      |      |      |   |
| 26    |   |   |      |      |      | 53,6 |      |      |      |      |   |   |   |      |      |      |   |
| 27    |   |   |      |      |      | 57,2 |      |      |      |      |   |   |   |      |      |      |   |
| 28    |   |   |      |      |      |      |      |      |      | 58,0 |   |   |   |      |      |      |   |
| 29 So |   |   |      | 39,8 |      |      |      |      |      |      |   |   |   |      |      |      |   |
| 30    |   |   |      |      | 62,0 |      |      |      |      |      |   |   |   |      |      |      |   |
| --    |   |   |      |      |      |      |      |      |      |      |   |   |   |      |      |      |   |

Monatsspitze:                              79, 4 kW     Gesamtverbrauch:     8.081 kWh
Summe der Monatsspitzen aller Abnehmer (Tab. 2):          194,2    kW
Gleichzeitigkeitsfaktor:  40,9 %     Benutzungsdauer:    1221    h

## Tabelle 12

Verteilung der Tagesspitzen im "Beispieldorf" im Monat Juli 1958 (Angabe in kW)

| Uhrzeit / Datum | 5-6 | 6-7 | 7-8 | 8-9 | 9-10 | 10-11 | 11-12 | 12-13 | 13-14 | 14-15 | 15-16 | 16-17 | 17-18 | 18-19 | 19-20 | 20-21 | 21-22 |
|---|---|---|---|---|---|---|---|---|---|---|---|---|---|---|---|---|---|
| 1 | | | | | | | | | | | | | | | | 41,2 | |
| 2 | | | | | | | 44,4 | | | | | | | | | | |
| 3 | | | | | | | | | | | | | | 54,2 | | | |
| 4 | | | | 39,0 | | | | | | | | | | | | | |
| 5 | | | | | | | | | | | | | | | | | 60,0 |
| 6 So | | | | | | | 46,0 | | | | | | | | | | |
| 7 | | | | | | | | | | | | | | 57,8 | | | |
| 8 | | | | | | | 62,2 | | | | | | | | | | |
| 9 | | | | | 62,0 | | | | | | | | | | | | |
| 10 | | | | | 62,8 | | | | | | | | | | | | |
| 11 | | | | | | | | | | | | | | | 62,2 | | |
| 12 | | | | | | | | | | | | | | 70,8 | | | |
| 13 So | | | | 43,4 | | | | | | | | | | | | | |
| 14 | | | 44,8 | | | | | | | | | | | | | | |
| 15 | | | | | | | | | | | | | | 50,4 | | | |
| 16 | | | | | | | | | | | | | | | 47,0 | | |
| 17 | | | | | | | | | | | | | | 46,4 | | | |
| 18 | | | | | | | 46,6 | | | | | | | | | | |
| 19 | | | | | | 62,4 | | | | | | | | | | | |
| 20 So | | | | | | | | 38,2 | | | | | | | | | |
| 21 | | | | | | 71,6 | | | | | | | | | | | |
| 22 | | | 60,8 | | | | | | | | | | | | | | |
| 23 | | | | | | | 52,2 | | | | | | | | | | |
| 24 | | | | | | | 62,8 | | | | | | | | | | |
| 25 | | | | | | | | | | | | | | | 54,6 | | |
| 26 | | | 63,2 | | | | | | | | | | | | | | |
| 27 So | | | | | | | 56,0 | | | | | | | | | | |
| 28 | | | | | | | 86,8 | | | | | | | | | | |
| 29 | | | | | | | 66,8 | | | | | | | | | | |
| 30 | | | | | 66,2 | | | | | | | | | | | | |
| 31 | | | | | 50,2 | | | | | | | | | | | | |

Monatsspitze: 86,8 kW    Gesamtverbrauch: 10.677 kWh
Summe der Monatsspitzen aller Abnehmer (Tab. 2): 178,4 kW
Gleichzeitigkeitsfaktor: 48,7 %    Benutzungsdauer: 1476 h

## Tabelle 13

Verteilung der Tagesspitzen im "Beispieldorf" im Monat August 1958 (Angabe in kW)

| Uhrzeit / Datum | 5-6 | 6-7 | 7-8 | 8-9 | 9-10 | 10-11 | 11-12 | 12-13 | 13-14 | 14-15 | 15-16 | 16-17 | 17-18 | 18-19 | 19-20 | 20-21 | 21-22 |
|---|---|---|---|---|---|---|---|---|---|---|---|---|---|---|---|---|---|
| 1 | | | | | | | | | | | | | 50,0 | | | | |
| 2 | | | | 52,0 | | | | | | | | | | | | | |
| 3 So | | | | | 49,4 | | | | | | | | | | | | |
| 4 | | | | | 67,6 | | | | | | | | | | | | |
| 5 | | | | | 85,4 | | | | | | | | | | | | |
| 6 | | | | | | | | | | | | 53,8 | | | | | |
| 7 | | | | | 56,4 | | | | | | | | | | | | |
| 8 | | | | | 65,8 | | | | | | | | | | | | |
| 9 | | | | | 71,2 | | | | | | | | | | | | |
| 10 So | | | | | | 54,0 | | | | | | | | | | | |
| 11 | | | | | | | | | | | | 63,4 | | | | | |
| 12 | | | | | | 91,2 | | | | | | | | | | | |
| 13 | | | | | | | | | | | | | 57,6 | | | | |
| 14 | | | | | | 56,0 | | | | | | | | | | | |
| 15 | | | | | | | | | | | | | | 76,8 | | | |
| 16 | | | | | | | | | | | | | | 64,4 | | | |
| 17 So | | | | | | | | | | | | | | | 40,0 | | |
| 18 | | | | | | | | | | | | | | | | 76,2 | |
| 19 | | | | | | | 90,8 | | | | | | | | | | |
| 20 | | | | | 70,8 | | | | | | | | | | | | |
| 21 | | | | | | | | | | | | | | | 74,0 | | |
| 22 | | | | | | | | | | | | | 79,4 | | | | |
| 23 | | | | | 88,4 | | | | | | | | | | | | |
| 24 So | | | | | | | | | | | | | 57,2 | | | | |
| 25 | | | | | | | | | | | | 71,4 | | | | | |
| 26 | | | | | | | | | | | | | 93,6 | | | | |
| 27 | | | | | 81,6 | | | | | | | | | | | | |
| 28 | | | | | | | | | | | | | | | 56,0 | | |
| 29 | | | | | | | | | | | | | | 91,2 | | | |
| 30 | | | | | | | 76,8 | | | | | | | | | | |
| 31 So | | 61,8 | | | | | | | | | | | | | | | |

Monatsspitze: 93,6 kW  Gesamtverbrauch: 13.004 kWh
Summe der Monatsspitzen aller Abnehmer (Tab. 2): 221,4 kW
Gleichzeitigkeitsfaktor: 42,3 %  Benutzungsdauer: 1667 h

## Tabelle 14

Verteilung der Tagesspitzen im "Beispieldorf" im Monat September 1958 (Angabe in kW)

| Datum \ Uhrzeit | 5-6 | 6-7 | 7-8 | 8-9 | 9-10 | 10-11 | 11-12 | 12-13 | 13-14 | 14-15 | 15-16 | 16-17 | 17-18 | 18-19 | 19-20 | 20-21 | 21-22 |
|---|---|---|---|---|---|---|---|---|---|---|---|---|---|---|---|---|---|
| 1 | | | | | | | 55,6 | | | | | | | | | | |
| 2 | | | | 65,6 | | | | | | | | | | | | | |
| 3 | | | | | | | | | | | | | | 57,6 | | | |
| 4 | | | | | | | | | | 41,6 | | | | | | | |
| 5 | | | | | | | 43,8 | | | | | | | | | | |
| 6 | | | | | | | | | | | | | | 82,0 | | | |
| 7 So | | | | | | | 43,2 | | | | | | | | | | |
| 8 | | | | | | | 62,8 | | | | | | | | | | |
| 9 | | | | | | | 66,6 | | | | | | | | | | |
| 10 | | | | | | | | | | | | | | 65,0 | | | |
| 11 | | | | | | | | | | | | | 50,8 | | | | |
| 12 | | | | | | | | | | | | | | 58,0 | | | |
| 13 | | | | | | | 82,4 | | | | | | | | | | |
| 14 So | | | | 44,4 | | | | | | | | | | | | | |
| 15 | | | | | | | 70,7 | | | | | | | | | | |
| 16 | | | | | | | | | | | | | | 58,2 | | | |
| 17 | | | | | | | | | | | | | | | 59,6 | | |
| 18 | | | | | | | | | | | | | | 76,0 | | | |
| 19 | | 58,0 | | | | | | | | | | | | | | | |
| 20 | | | | | | | | | | | | | | 64,0 | | | |
| 21 So | | | | | | | 54,2 | | | | | | | | | | |
| 22 | | | | | | | 62,0 | | | | | | | | | | |
| 23 | | | | | | | 80,6 | | | | | | | | | | |
| 24 | | | | | | 62,6 | | | | | | | | | | | |
| 25 | | | | | | | | | | | | | | 56,8 | | | |
| 26 | | | | | 47,4 | | | | | | | | | | | | |
| 27 | | | | | | | | | | | | | | 58,0 | | | |
| 28 So | | | | | 52,4 | | | | | | | | | | | | |
| 29 | | | 79,2 | | | | | | | | | | | | | | |
| 30 | | | | 68,0 | | | | | | | | | | | | | |
| -- | | | | | | | | | | | | | | | | | |

Monatsspitze: 82,4 kW   Gesamtverbrauch: 8.695 kWh
Summe der Monatsspitzen aller Abnehmer (Tab. 2): 217,4 kW
Gleichzeitigkeitsfaktor: 37,9 %   Benutzungsdauer: 1266 h

### Tabelle 15

Verteilung der Tagesspitzen im "Beispieldorf" im Monat Oktober 1958 (Angabe in kW)

| Uhrzeit / Datum | 5-6 | 6-7 | 7-8 | 8-9 | 9-10 | 10-11 | 11-12 | 12-13 | 13-14 | 14-15 | 15-16 | 16-17 | 17-18 | 18-19 | 19-20 | 20-21 | 21-22 |
|---|---|---|---|---|---|---|---|---|---|---|---|---|---|---|---|---|---|
| 1 | | | | 41,2 | | | | | | | | | | | | | |
| 2 | | | | | | | | | | | | | | 56,4 | | | |
| 3 | | 58,0 | | | | | | | | | | | | | | | |
| 4 | | | | | | | 81,8 | | | | | | | | | | |
| 5 So | | | | | | | | | | | | | 43,2 | | | | |
| 6 | | | | | | | 52,2 | | | | | | | | | | |
| 7 | | | 59,6 | | | | | | | | | | | | | | |
| 8 | | | | | | | | | | | | | | | 70,2 | | |
| 9 | | | | | | | 64,6 | | | | | | | | | | |
| 10 | | | 56,0 | | | | | | | | | | | | | | |
| 11 | | | | | | | | | | | | | | 103,6 | | | |
| 12 So | | | | 43,4 | | | | | | | | | | | | | |
| 13 | | | 61,2 | | | | | | | | | | | | | | |
| 14 | | | | | | | | | | | | | | 57,6 | | | |
| 15 | | | | | 54,8 | | | | | | | | | | | | |
| 16 | | | | | | 56,0 | | | | | | | | | | | |
| 17 | | | | | | | | | | | | | 56,0 | | | | |
| 18 | | | | | | | | | | | | | | 68,4 | | | |
| 19 So | | | 44,0 | | | | | | | | | | | | | | |
| 20 | | | | | | 80,2 | | | | | | | | | | | |
| 21 | | | 53,4 | | | | | | | | | | | | | | |
| 22 | | | | | | | 59,2 | | | | | | | | | | |
| 23 | | | | 69,8 | | | | | | | | | | | | | |
| 24 | | | | | | | | | | | | | | 54,2 | | | |
| 25 | | | | | | | | | | | | | | | | 46,0 | |
| 26 So | | | | | 40,2 | | | | | | | | | | | | |
| 27 | | | | | | | 46,3 | | | | | | | | | | |
| 28 | | | | | | | | | | | | | | | 62,0 | | |
| 29 | | | | | 54,0 | | | | | | | | | | | | |
| 30 | | | | | | | | | | | | | | | 74,4 | | |
| 31 | | | | | | | | | | 57,0 | | | | | | | |

Monatsspitze: 103,6 kW  Gesamtverbrauch: 10.399 kWh
Summe der Monatsspitzen aller Abnehmer (Tab. 2): 204,0 kW
Gleichzeitigkeitsfaktor: 50,8 %  Benutzungsdauer: 1205 h

## Tabelle 16

Verteilung der Tagesspitzen im "Beispieldorf" im Monat November 1958 (Angabe in kW)

| Datum \ Uhrzeit | 5-6 | 6-7 | 7-8 | 8-9 | 9-10 | 10-11 | 11-12 | 12-13 | 13-14 | 14-15 | 15-16 | 16-17 | 17-18 | 18-19 | 19-20 | 20-21 | 21-22 |
|---|---|---|---|---|---|---|---|---|---|---|---|---|---|---|---|---|---|
| 1 So |   |   | 52,2 |   |   |   |   |   |   |   |   |   |   |   |   |   |   |
| 2 So |   |   |   |   |   |   |   |   |   |   |   |   |   | 61,4 |   |   |   |
| 3    |   |   |   | 67,4 |   |   |   |   |   |   |   |   |   |   |   |   |   |
| 4    |   | 68,4 |   |   |   |   |   |   |   |   |   |   |   |   |   |   |   |
| 5    |   |   |   | 76,4 |   |   |   |   |   |   |   |   |   |   |   |   |   |
| 6    |   |   |   |   | 55,8 |   |   |   |   |   |   |   |   |   |   |   |   |
| 7    |   |   | 60,0 |   |   |   |   |   |   |   |   |   |   |   |   |   |   |
| 8    |   | 64,6 |   |   |   |   |   |   |   |   |   |   |   |   |   |   |   |
| 9 So |   |   |   | 49,8 | 58,2 |   |   |   |   |   |   |   |   |   |   |   |   |
| 10   |   |   |   |   | 58,2 |   |   |   |   |   |   |   |   |   |   |   |   |
| 11   |   |   |   |   |   |   |   |   |   |   |   |   |   | 51,4 |   |   |   |
| 12   |   |   |   |   |   |   |   |   |   |   |   |   |   | 71,0 |   |   |   |
| 13   |   |   | 79,2 |   |   |   |   |   |   |   |   |   |   |   |   |   |   |
| 14   |   |   | 51,0 |   |   |   |   |   |   |   |   |   |   |   |   |   |   |
| 15   |   |   |   |   |   |   |   |   |   |   |   |   |   |   | 58,6 |   |   |
| 16 So |   |   | 57,0 |   |   |   |   |   |   |   |   |   |   |   |   |   |   |
| 17   |   |   |   |   |   |   |   |   |   |   |   |   |   | 80,2 |   |   |   |
| 18   |   |   | 64,0 |   |   |   |   |   |   |   |   |   |   |   |   |   |   |
| 19   |   |   | 52,8 |   |   |   |   |   |   |   |   |   |   |   |   |   |   |
| 20   |   |   | 56,0 |   |   |   |   |   |   |   |   |   |   |   |   |   |   |
| 21   |   |   |   | 60,2 |   |   |   |   |   |   |   |   |   |   |   |   |   |
| 22   |   |   |   |   |   |   |   |   |   |   |   |   |   | 86,8 |   |   |   |
| 23 So |   | 42,2 |   |   |   |   |   |   |   |   |   |   |   |   |   |   |   |
| 24   |   |   |   |   |   |   |   |   |   |   |   |   |   | 60,2 |   |   |   |
| 25   |   |   |   | 50,6 |   |   |   |   |   |   |   |   |   |   |   |   |   |
| 26   |   |   |   |   |   |   |   |   |   |   |   |   |   | 65,8 |   |   |   |
| 27   |   |   |   |   |   |   |   |   |   |   |   |   |   | 69,6 |   |   |   |
| 28   |   |   |   |   |   |   |   |   |   |   |   |   |   | 53,4 |   |   |   |
| 29   |   |   |   |   |   |   |   |   |   |   |   |   |   | **94,8** |   |   |   |
| 30 So |   |   |   |   |   |   |   |   |   |   |   |   |   | 52,6 |   |   |   |
| --   |   |   |   |   |   |   |   |   |   |   |   |   |   |   |   |   |   |

Monatsspitze: 94,8 kW   Gesamtverbrauch: 10.026 kWh
Summe der Monatsspitzen aller Abnehmer (Tab. 2): 211,2 kW
Gleichzeitigkeitsfaktor: 44,9 %   Benutzungsdauer: 1269 h

## Tabelle 17

Verteilung der Tagesspitzen im "Beispieldorf" im Monat Dezember 1958 (Angabe in kW)

| Uhrzeit / Datum | 5-6 | 6-7 | 7-8 | 8-9 | 9-10 | 10-11 | 11-12 | 12-13 | 13-14 | 14-15 | 15-16 | 16-17 | 17-18 | 18-19 | 19-20 | 20-21 | 21-22 |
|---|---|---|---|---|---|---|---|---|---|---|---|---|---|---|---|---|---|
| 1 | | | | | 65,0 | | | | | | | | | | | | |
| 2 | | | | | | | | | | | | | | 92,0 | | | |
| 3 | | | | | | | | | | | | | 83,4 | | | | |
| 4 | | | | | | | 56,0 | | | | | | | | | | |
| 5 | | | | | | | | | | | | | | 69,8 | | | |
| 6 | | | | | | | | | | | | | | 74,8 | | | |
| 7 So | | | 51,6 | | | | | | | | | | | | | | |
| 8 | | | | | 53,8 | | | | | | | | | | | | |
| 9 | | | | | | | | | | | | | | 72,6 | | | |
| 10 | | | | | 52,4 | | | | | | | | | | | | |
| 11 | | | | | | | | | | | | 57,2 | | | | | |
| 12 | | | | | | | | | | | | | | 65,5 | | | |
| 13 | | | | | | | | | | | | | 78,8 | | | | |
| 14 So | 39,8 | | | | | | | | | | | | | | | | |
| 15 | | | | | 82,6 | | | | | | | | | | | | |
| 16 | | | | | | | | | | | | | 70,4 | | | | |
| 17 | | | | | | | | 62,2 | | | | | | | | | |
| 18 | | | | | | | | | | | | | | 63,8 | | | |
| 19 | | | | | | | | | | | | | | 90,8 | | | |
| 20 | | | | | | | | | | | 67,0 | | | | | | |
| 21 So | | | 44,2 | | | | | | | | | | | | | | |
| 22 | | | | | | | | | | | | | | 73,8 | | | |
| 23 | | | | 55,2 | | | | | | | | | | | | | |
| 24 | | | | | | | | | | | | | | 69,2 | | | |
| 25 So | | | 52,0 | | | | | | | | | | | | | | |
| 26 So | | | | | | | | | | | | | | 48,4 | | | |
| 27 | | | | | | | | | | | | | 73,4 | | | | |
| 28 So | | | 56,0 | | | | | | | | | | | | | | |
| 29 | | | | | | | 73,8 | | | | | | | | | | |
| 30 | | | | | | | 60,2 | | | | | | | | | | |
| 31 | | | | | | | | | | | | | | 79,2 | | | |

Monatsspitze: 92,0 kW   Gesamtverbrauch: 10.527 kWh
Summe der Monatsspitze aller Abnehmer (Tab. 2):   222,2 kW
Gleichzeitigkeitsfaktor: 41,4 %   Benutzungsdauer: 1373 h

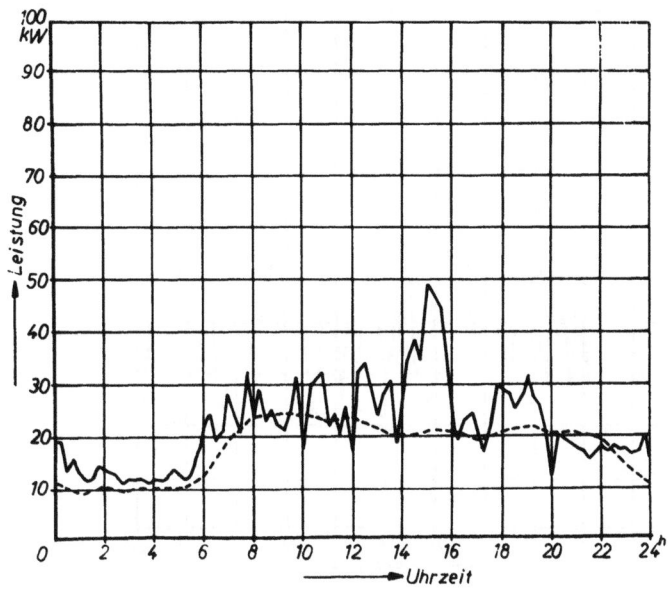

Abbildung 9

Belastungskurve des "Beispieldorfes"
am Dienstag, den 28.1.58

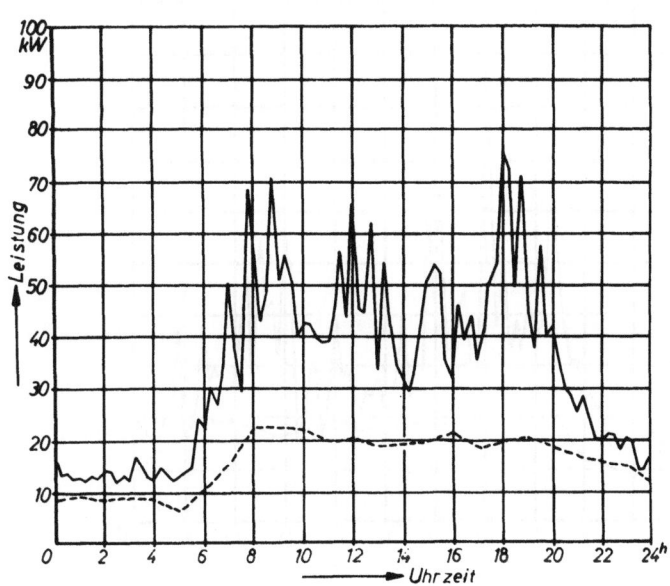

Abbildung 10

Belastungskurve des "Beispieldorfes"
am Montag, den 3.2.58

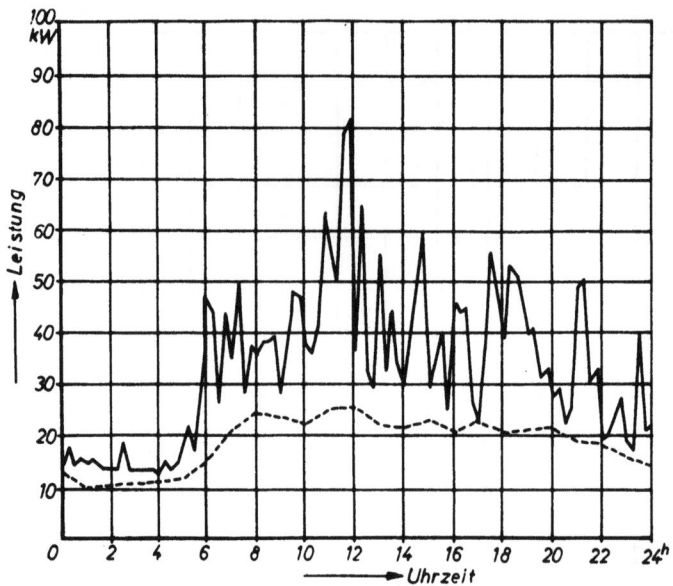

Abbildung 11

Belastungskurve des "Beispieldorfes"
am Samsatg, den 1.3.58

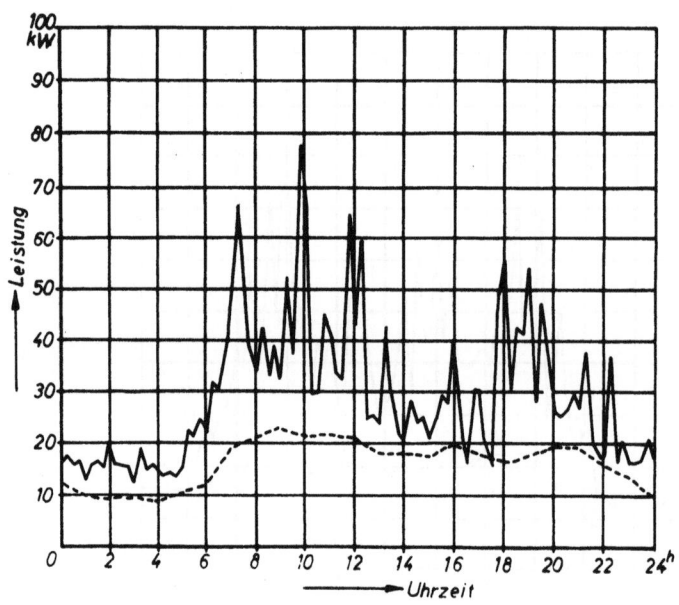

Abbildung 12

Belastungskurve des "Beispieldorfes"
am Dienstag, den 15.4.58

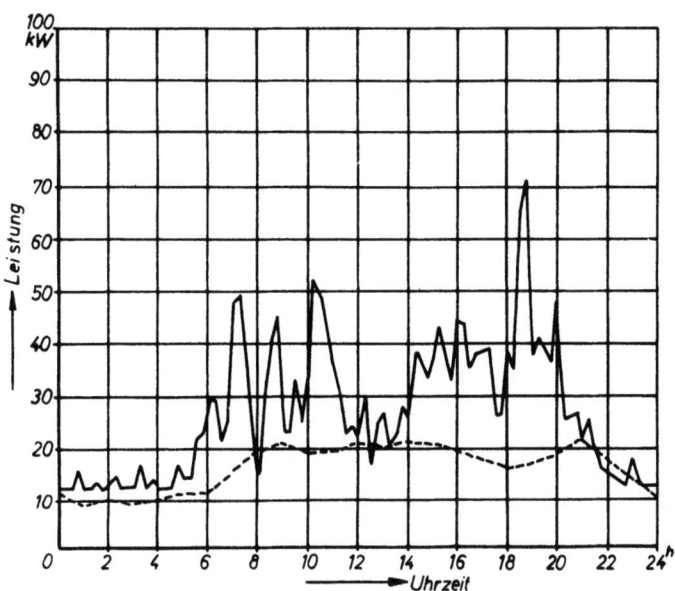

A b b i l d u n g   13

Belastungskurve des "Beispieldorfes"

am Donnerstag, den 8.5.58

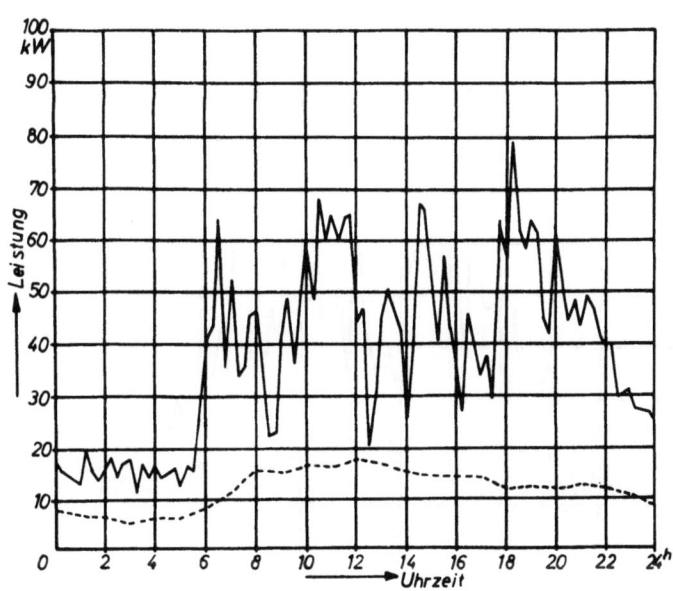

A b b i l d u n g   14

Belastungskurve des "Beispieldorfes"

am Montag, den 16.6.58

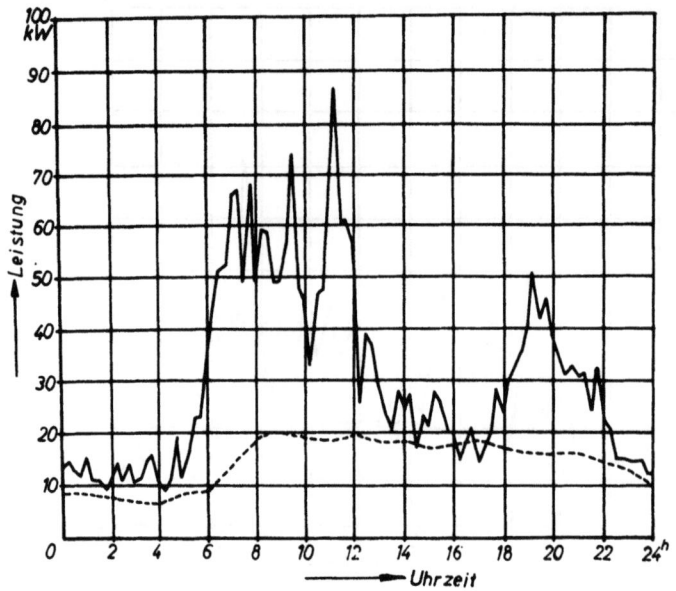

Abbildung 15

Belastungskurve des "Beispieldorfes"
am Montag, den 28.7.58

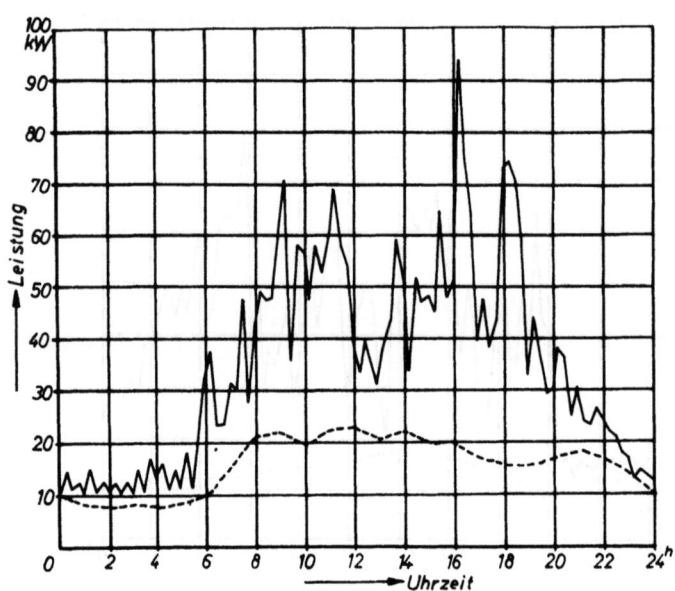

Abbildung 16

Belastungskurve des "Beispieldorfes"
am Dienstag, den 28.8.58

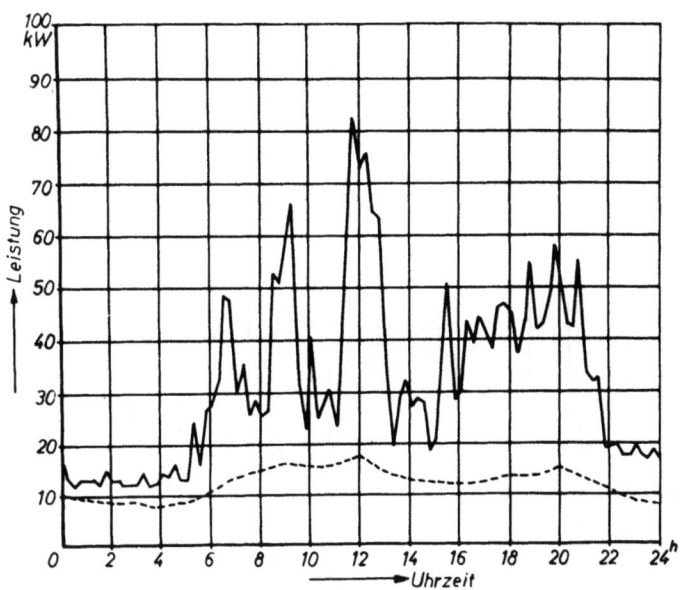

A b b i l d u n g   17

Belastungskurve des "Beispieldorfes"

am Samstag, den 13.9.58

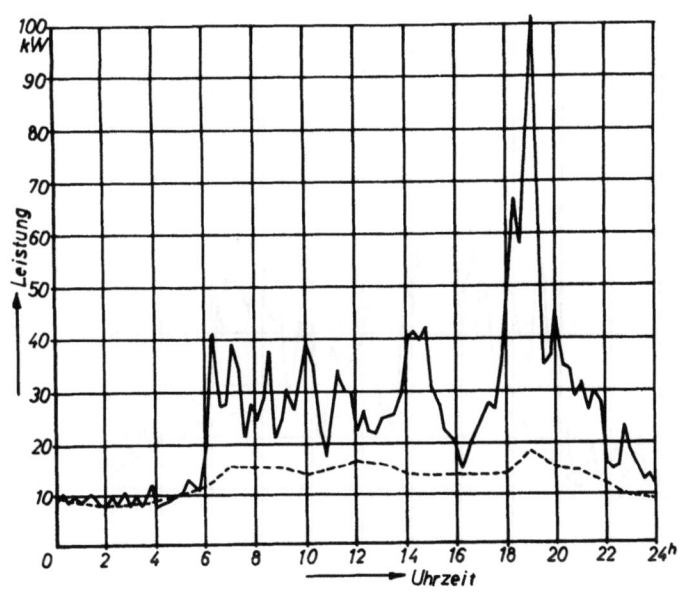

A b b i l d u n g   18

Belastungskurve des "Beispieldorfes"

am Samstag, den 11.10.58

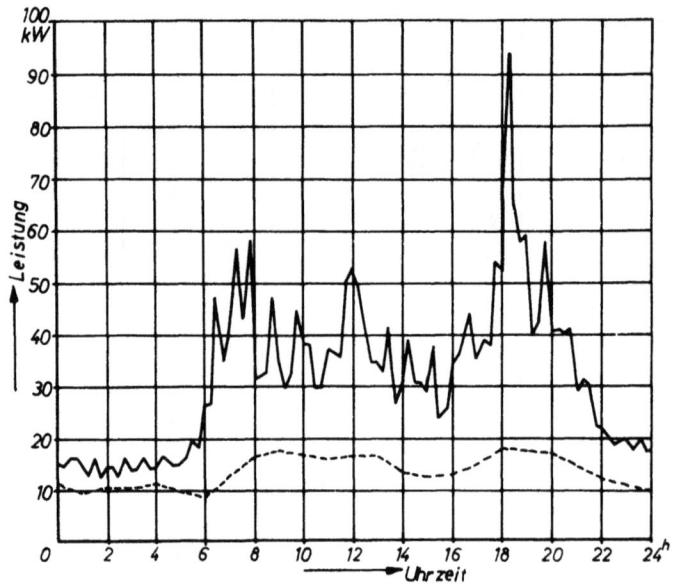

Abbildung 19

Belastungskurve des "Beispieldorfes"
am Samstag, den 29.11.58

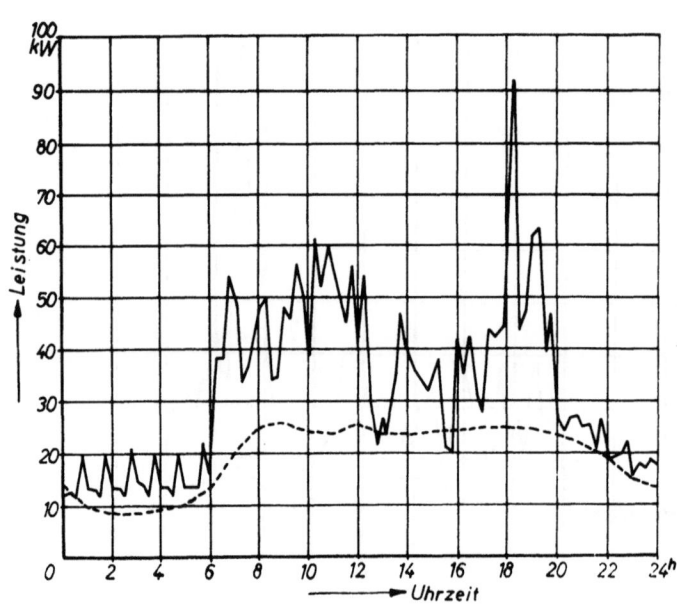

Abbildung 20

Belastungskurve des "Beispieldorfes"
am Dienstag, den 2.12.58

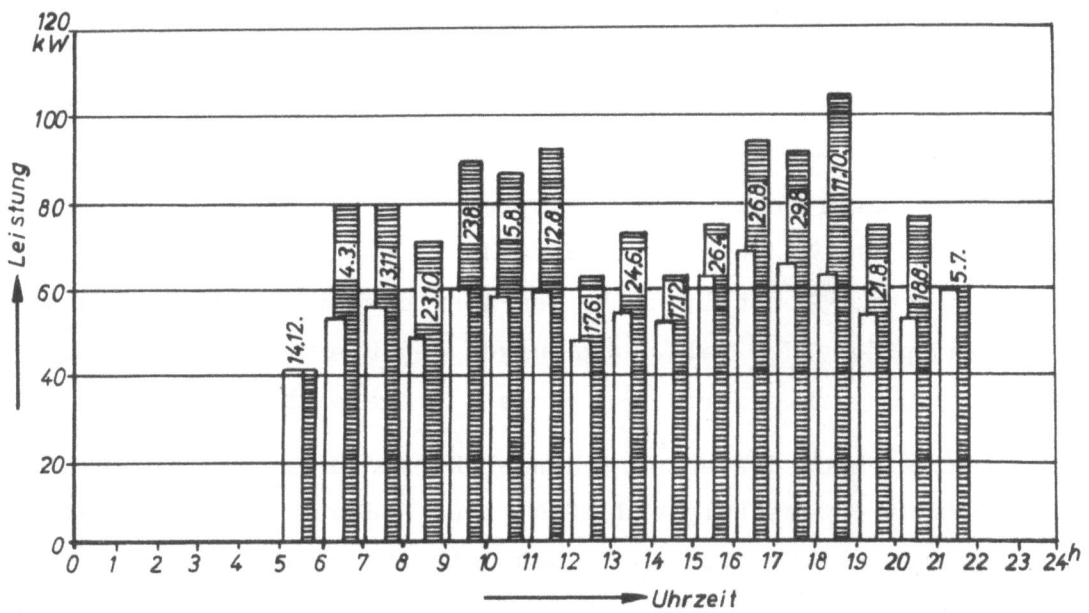

Abbildung 21

Verteilung der Tagesspitzen im "Beispieldorf" im Jahre 1958 auf die Tagesstunden (Durchschnitts- und Höchstwerte)

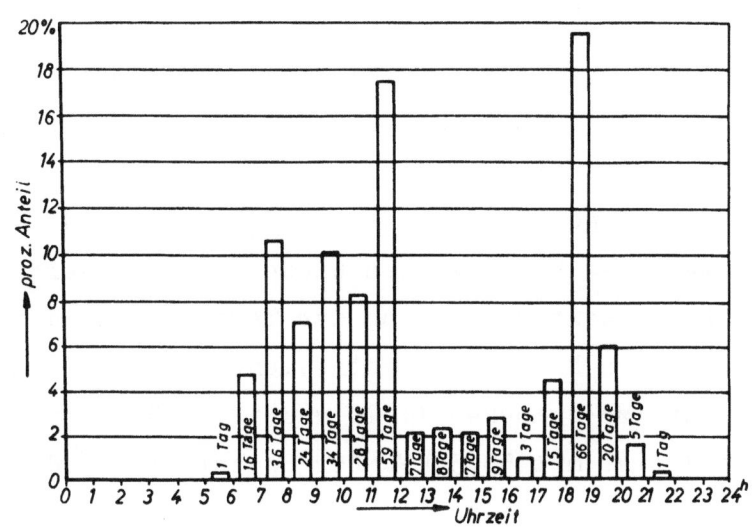

Abbildung 22

Häufigkeitsverteilung der Tagesspitzen im "Beispieldorf" im Jahre 1958 auf die Tagesstunden (Anzahl der erfaßten Tage: 339)

Wie aus Abbildung 18 hervorgeht, ist der 11. Oktober der "ungünstigste" Tag des Jahres 1958 überhaupt. An diesem Tag, einem Sonnabend, trat gegen 19.00 Uhr die Jahresspitze auf. Wie die Befragung und die Registrierstreifen ergeben, wurde diese Spitze durch mehrere gleichzeitig eingeschaltete Badeboiler, ferner Futterdämpfer und Schrotmühlen verursacht. In dieser Spitze von 103,6 kW sind etwa 40 kW für Warmwasserbereiter (Baden, Duschen etc.) enthalten. In den Abbildungen 9 bis 20 wurden ferner die entsprechenden Belastungskurven des übergeordneten Netzes (im Maßstab $1:10^4$ verkleinert) gestrichelt eingezeichnet.

In der Tendenz stimmen die entsprechenden Kurven überein. Die Spitzen der Belastungskurven des "Beipieldorfes" sind jedoch sehr viel steiler als in den Kurven des speisenden Verbundnetz-Abschnittes (daher ja auch die geringe Benutzungsdauer). Sie fallen vormittags meist in die Spitzenzeiten des übergeordneten Netzes, nachmittags treten in dieser Beziehung oft Verschiebungen auf.

Die höchste Belastungsspitze im "Beispieldorf" trat im Oktober auf, im speisenden Netz dagegen im Dezember. Daraus ist zu entnehmen, daß der Leistungsbedarf der Landwirtschaft keinen nennenswerten Einfluß auf die Engpaßleistung der Kraftwerke hat.

Bei der Betrachtung der Tagesspitzen im "Beispieldorf" erschien es wissenswert, wie sich diese Spitzen auf die einzelnen Tagesstunden verteilen. Es wurden daher die Mittelwerte der in den einzelnen Stunden aufgetretenen Tagesspitzen gebildet. Diese Mittelwerte sind in Abbildung 21 neben den jeweiligen Höchstwerten wiedergegeben. Ferner ist in Abbildung 22 die Häufigkeitsverteilung der Tagesspitzen dargestellt. So ist z. B. aus den beiden Bildern zu entnehmen, daß an 59 Tagen des Jahres 1958 die Tagesspitze zwischen 11.00 und 12.00 Uhr vormittags auftrat, und zwar im Mittel mit 58,3 kW. Der Höchstwert in dieser Stunde trat am 12.8. auf und betrug 91,2 kW.

Aus Abbildung 21 geht unter Berücksichtigung der Häufigkeitsverteilung nach Abbildung 22 hervor, daß der Mittelwert sämtlicher Tagesspitzen des Jahres 1958 bei ca. 55 kW liegt. Das Mittel der bereitzustellenden Leistung würde also 55 kW betragen, wobei aber eine fast hundertprozentige Überlastbarkeit (103,6 kW am 11.10.) gefordert werden müßte.

Die meisten Ortsspitzen traten zwischen 18 und 19 Uhr auf (66 Tage = 19,5 % der erfaßten 339 Tage); an zweiter Stelle folgen die Kochspitzen zwischen 11 und 12 Uhr mit 17,4 %.

Bei der Betrachtung von Abbildung 21 wurde bereits festgestellt, daß das Mittel der bereitzustellenden Leistung etwa 55 kW beträgt. Die Belastungsdiagramme der sogenannten ungünstigsten Tage im "Beispieldorf" zeigen, daß diese Leistung nur von wenigen Spitzen überschritten wird.

Es soll nun versucht werden, das Zustandekommen dieser über 55 kW hinausgehenden Spitzen zu deuten.

Wie Abbildung 22 zeigt, treten die Spitzen in der Mehrzahl vormittags auf. Sie werden hauptsächlich durch Haushaltsgeräte verursacht. An erster Stelle stehen dabei die Kochlast und die Heißwasserbereitung, die sonnabends noch durch eine beträchtliche Backlast vergrößert werden. An zweiter Stelle steht die durch Waschmaschinen verursachte Belastung (die jedoch auch Nachmittags-Spitzen erzeugen kann). Sie ist stark von der Wetterlage abhängig. Im Frühjahr 1958 wurde z.B. mehrmals festgestellt, daß jeweils an den ersten beiden schönen Tagen, die Schlechtwetterperioden folgten, in mindestens 9 Betrieben gewaschen wurde. Da man in der Regel vormittags mit dem Waschen beginnt, kommt dann eine zusätzliche Belastung von etwa 40 kW (das ist etwa die Hälfte der in den vorhandenen Waschmaschinen installierten Leistung) leicht zustande.

Die vorhandenen Nachmittags-Spitzen sind relativ selten. Es handelt sich dabei hauptsächlich um Dresch-Spitzen im Monat August und um einige Spitzen durch Waschmaschinen an ausgesprochenen Schönwettertagen.

Die zahlreichen Abendspitzen zwischen 18 und 19 Uhr treten durch den gleichzeitigen Betrieb vieler Schrotmühlen und Futterdämpfer auf (die in den untersuchten Betrieben vorhandenen Schrotmühlen und Futterdämpfer haben zusammen schon eine Leistung von über 60 kW). Dazu kommt in den Küchen die abendliche Herdbenutzung und die Heißwasserbereitung für Haus und Hof.

Im folgenden wird eine Analyse der über 55 kW hinausgehenden markantesten Spitzen der ungünstigsten Tage angegeben:

28. Januar 1958

      Keine Spitzen über 55 kW

3. Februar 1958

      7.30 bis 9.00 Uhr

| | | |
|---|---|---|
| Elektroherde | 15,0 kW | |
| HW-Speicher | 18,0 | 33,0 kW |

|  |  |  |
|---|---|---|
| Übertrag: | 33,0 kW |
| Futterdämpfer | 3,0 |
| Waschmaschinen | 9,6 |
| Infrarotstrahler | 3,5 |
| Allesmuser | 8,2 |
| Heizöfen | 2,0 |
| Hauswasserwerke | 2,8 |
| Entmistungsanlagen | 4,0 |
| Jauchepumpen | 2,2 |
| Kühlschränke und Gefriertruhen | 0,8 |
| Sonstiges | ca. 1,3 |
|  | 70,4 kW |

17.00 bis 19.00 Uhr

| | |
|---|---|
| Elektroherde | 11,0 kW |
| HW-Speicher | 12,0 |
| Futterdämpfer | 4,0 |
| Schrotmühlen | 18,5 |
| Gebläse | 23,0 |
| Infrarotstrahler | 3,5 |
| Kühlschränke und Gefriertruhen | 2,0 |
| Sonstiges | ca. 1,6 |
|  | 75,6 kW |

1. März 1958

10.30 bis 12.30 Uhr

| | |
|---|---|
| Elektroherde | 8,0 kW |
| HW-Speicher | 18,0 |
| Waschmaschinen | 19,1 |
| Beregnungsanlage | 11,0 |
| Infrarotstrahler | 4,2 |
| Entmistungsanlagen | 6,0 |
| Bügeleisen | 1,0 |
| Heizöfen | 6,0 |
| Kühlschränke und Gefriertruhen | 2,4 |
| Sonstiges | ca. 6,1 |
|  | 81,8 kW |

15. April 1958

    9.00 bis 10.00 Uhr

| | |
|---|---:|
| Elektroherde | 15,0 kW |
| HW-Speicher | 24,2 |
| Jauchepumpen | 1,5 |
| Hauswasserwerke | 1,1 |
| Infrarotstrahler | 5,8 |
| Bügeleisen | 3,0 |
| Heizöfen | 6,0 |
| Entmistungsanlagen | 10,6 |
| Kühlschränke und Gefriertruhen | 3,2 |
| Sonstiges | ca. 7,0 |
| | 77,4 kW |

8. Mai 1958

    18.00 bis 19.00 Uhr

| | |
|---|---:|
| Elektroherde | 14,0 kW |
| HW-Speicher | 17,0 |
| Schrotmühlen | 16,5 |
| Gebläse | 11,0 |
| Futterdämpfer | 5,0 |
| Kühlschränke und Gefriertruhen | 2,8 |
| Sonstiges | ca. 4,7 |
| | 71,0 kW |

16. Juni 1958

Vormittags und nachmittags hauptsächlich Waschbelastung; Auftrennung nicht möglich.

28. Juli 1958

    7.00 bis 12.00 Uhr

| | |
|---|---:|
| Elektroherde | 16,0 kW |
| HW-Speicher | 20,2 |
| Waschmaschinen | 18,0 |
| Hauswasserwerke | 4,0 |
| Entmistungsanlagen | 6,6 |
| Kühlschränke und Gefriertruhen | 2,0 |
| Sonstiges | bis zu ca. 20,0 |
| | 86,8 kW |

26. August 1958

    16.00 bis 17.00 Uhr

| | |
|---|---:|
| Elektroherde | 12,0 kW |
| HW-Speicher | 8,0 |
| Gebläse | 34,0 |
| Dreschmaschinen | 14,0 |
| Hauswasserwerke | 1,5 |
| Schleifstein | 1,0 |
| Getreidetrocknungsanlage | 7,5 |
| Bügeleisen | 2,0 |
| Kühlschränke und Gefriertruhen | 3,8 |
| Sonstiges | ca. 9,8 |
| | **93,6 kW** |

13. September 1958

    11.00 bis 13.00 Uhr

| | |
|---|---:|
| Elektroherde | 44,0 kW |
| HW-Speicher | 17,0 |
| Infrarotstrahler | 4,3 |
| Aufzug | 1,0 |
| Einkochkessel | 3,0 |
| Hauswasserwerke | 1,0 |
| Kühlschränke und Gefriertruhen | 2,0 |
| Sonstiges | ca. 10,1 |
| | **82,4 kW** |

11. Oktober 1958

    18.00 bis 19.30 Uhr

| | |
|---|---:|
| Elektroherde | 13,0 kW |
| HW-Speicher | 41,0 |
| Schrotmühlen | 18,5 |
| Futterdämpfer | 19,2 |
| Hauswasserwerke | 1,8 |
| Kühlschränke und Gefriertruhen | 2,6 |
| Sonstiges | ca. 7,5 |
| | **103,6 kW** |

29. November 1958

|  | |
|---|---|
| 18.00 bis 19,00 Uhr | |
| Elektroherde | 11,0 kW |
| HW-Speicher | 38,0 |
| Schrotmühlen | 19,0 |
| Futterdämpfer | 16,2 |
| Kühlschränke und Gefriertruhen | 2,4 |
| Sonstiges | ca. 8,2 |
| | 94,8 kW |

2. Dezember 1958

|  | |
|---|---|
| 18.00 bis 19.00 Uhr | |
| Elektroherde | 22,0 kW |
| HW-Speicher | 21,0 |
| Schrotmühlen | 24,2 |
| Futterdämpfer | 17,6 |
| Heizöfen | 2,0 |
| Hauswasserwerke | 1,8 |
| Kühlschränke und Gefriertruhen | 2,2 |
| Sonstiges | ca. 1,2 |
| | 92,0 kW |

Diese Zahlen geben, soweit rekonstruierbar, die Belastungsverhältnisse im "Beispieldorf" an den ungünstigsten Tagen des Jahres 1958 wieder. Unter "Sonstiges" sind Lichtbelastung, Kleingeräte in Haus und Hof sowie nachträglich nicht eindeutig erkennbare kleine Verbraucher enthalten.

In Tabelle 5 wurden Benutzungsdauer und Gleichzeitigkeitsfaktor aus den gemessenen Werten bereits bestimmt. Ist die Jahresbelastungskurve eines Netzes gegeben, so kann man die darin auftretenden Belastungen der Größe nach ordnen, um die Jahresdauerlinie zu erhalten. Aus der Jahresdauerlinie läßt sich die bereits berechnete Jahresbenutzungsdauer auch graphisch bestimmen. Die Jahresdauerlinie vermittelt einen anschaulichen Eindruck von den Belastungsverhältnissen in einem Netz.

Um Dauerlinien miteinander vergleichen zu können, bedient man sich der sogenannten bezogenen Dauerlinien. Dabei werden die Ordinatenwerte auf den Höchstwert und die Abszissenwerte auf die Dauer des betrachteten

Zeitabschnitts bezogen. Im vorliegenden Fall ist die Jahresbelastungskurve des Ortsnetzes nicht gegeben. Daher wird die Dauerlinie hier rechnerisch ermittelt.

Für einen etwas einfacheren Linienzug, die sogenannte symbolische Dauerlinie [7], gilt die Formel

$$y = 1 - (1 - m_o) \cdot x^{\frac{m - m_o}{1 - m}} \qquad (4)$$

mit dem Belastungsfaktor der Wirkleistung m:

$$m = \frac{A_{ges}}{P_{max} \cdot 8760h} = \frac{T_m}{8760\ h} \qquad (5)$$

und dem Lastverhältnis $m_o$:

$$m_o = \frac{P_{min}}{P_{max}} \qquad (6)$$

Nach [8] gilt für $m_o$ auch die Beziehung:

$$m_o = m^2 \qquad (7)$$

Damit vereinfacht sich Gleichung (4) zu:

$$y = 1 - (1 - m^2)\, x^m \qquad (8)$$

Aus dem in Tabelle 5 errechneten Wert $T_m$ = 1.204 h folgt mit Gleichung (5):

$$m = \frac{1204h}{8760h} = 0{,}1374 \qquad (9)$$

Damit liefert Gleichung (8) die Beziehung:

$$y = 1 - 0{,}981\ x^{0,1374} \qquad (10)$$

Die damit berechnete symbolische Dauerlinie des "Beispieldorfes" ist in Abbildung 23 wiedergegeben.

Die symbolische Dauerlinie, die sich für ein Netz mit einer Benutzungsdauer von ca. 5500 h ergeben würde, ist ebenfalls gestrichelt eingezeichnet.

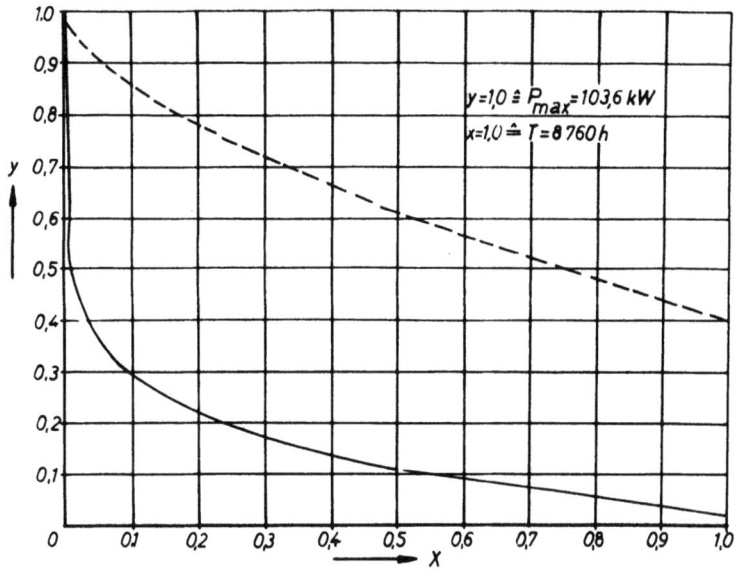

Abbildung 23

Die symbolische Dauerlinie des "Beispieldorfes"

IV. Maßnahmen zur Erhöhung der Benutzungsdauer

1. Zweckmäßigere Einteilung der landwirtschaftlichen Arbeiten

Aus obiger Analyse der markantesten Spitzen der ungünstigsten Tage geht hervor, daß die Schrotmühlen und Futterdämpfer in hohem Maße an der Spitzenerzeugung beteiligt sind. Sie verursachen nicht nur häufig die Hofspitzen, sondern tragen auch wesentlich zu den Spitzen im "Beispieldorf" bei. Sie sind meist abends zwischen 18.00 und 19.30 Uhr in Betrieb, seltener morgens zwischen 5.30 und 8.00 Uhr (vgl. die ungünstigsten Tage: 3.2., 8.5., 11.10., 29.11., 2.12.). In allen Fällen könnten diese Abendspitzen durch Verlegung des Betriebes der Nachtschrotmühlen und Futterdämpfer in den Nachtstunden auf den aus Abbildung 21 hervorgehenden Mittelwert von 50 ... 60 kW abgebaut werden.

Die Verwendung automatischer Nachtschrotmühlen ist an sich bekannt: das Mahlgut wird am Tage eingefüllt und nachts von der Schrotmühle mit kleiner Leistung verarbeitet. Die in den Richtbetrieben vorhandenen Nachtschrotmühlen werden jedoch kaum nachts betrieben, da zur Zeit der finanzielle Anreiz dazu in Form eines verbilligten Nachtstromtarifes noch fehlt.

Der Betrieb der Futterdämpfer müßte bei entsprechender Wärmeisolierung und bei Ausführung mit einer kleinen Grundheizung (und evtl. ähnlich den Zweikreis-HW-Speichern, mit einer Schnellaufheizung für besondere Fälle) ebenfalls mühelos in die Nacht verlegt werden können.

Wie die Abbildungen 9 bis 20 zeigen, treten ferner vor allem in den Sommermonaten erhebliche Kochspitzen zwischen 11 und 12 Uhr auf. Diese Kochspitzen entstehen dadurch, daß in allen landwirtschaftlichen Betrieben um 12 Uhr gegessen wird, und der Kochvorgang im Sommer und namentlich während der Ernte viel intensiver und gedrängter ist als etwa im Winter, wo in fast allen Betrieben noch zusätzlich mit Kohlefeuerung gekocht wird. Dazu kommt, daß gerade während dieser kurzen Zeitspanne vor dem Essen der Bauer, der schon vom Felde zurück ist, noch schnell irgend eine Arbeit verrichten will und weitere elektrische Maschinen und Geräte in Betrieb nimmt. Die Verhältnisse ähneln dann den bereits geschilderten während der Abendbelastung. So entsteht in der Erntezeit eine erhebliche Mittagsspitze, die sich aber auch abbauen läßt. Wie nämlich obige Analyse der markantesten Spitzen der ungünstigen Tage zeigt, könnte man durch Verlegung der Heißwassererzeugung in die Nachtstunden auch diese Spitzen auf den Mittelwert von ca. 55 kW abbauen.

Der Betrieb eines Durchlauferhitzers, wie er im Betrieb b) vorliegt, ist sehr ungünstig, wie Abbildung 24 zeigt. Daher verwendet man heute üblicherweise den Zweikreisspeicher mit Grundheizung und Schnellaufheizung. Um die Warmwasserbereitung ganz in die Nachtstunden verlegen zu können, müßte man Geräte mit entsprechender Kapazität verwenden, um den Warmwasserbedarf eines ganzen Tages in der Nacht aufheizen zu können.

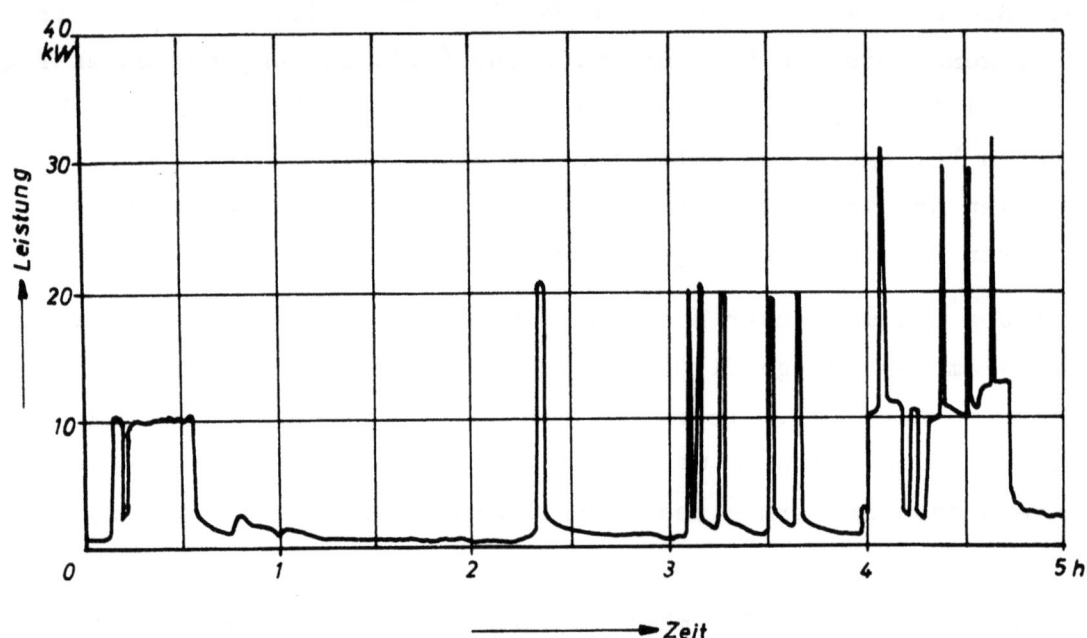

A b b i l d u n g   24

Belastungskurve eines Richtbetriebes mit einem 18 kW-Durchlauferhitzer

Diese Verlagerung bestimmter automatischer Arbeiten in die Nachtstunden würde also einen Abbau der Spitzen auf 50 ... 60 kW, d.h. auf rund die Hälfte der Jahresspitze ermöglichen. Gelegentliche Überschreitungen dieser Grenze sind nur kurzzeitig und können von dem das Netz speisenden Transformator aufgenommen werden, zumal die Anforderungen an die Spannungshaltung in der ländlichen Energieversorgung gewisse Toleranzen zulassen.

Die Verwendung von Nachtstrom zur Wärmeerzeugung kann sehr vielseitig sein. Neben der Heißwasserbereitung und dem Betrieb von Nachtschrotmühlen und Futterdämpfern kommen als Nachtstromverbraucher u.a. Wärmespeicheröfen für die Raumbeheizung in Frage. Durch Elektrowärmegeräte, die mit Nachtstrom betrieben werden, kann eine verhältnismäßig konstante nächtliche Grundlast gehalten werden, die in allen Richtbetrieben heute noch fehlt. Auch die im Betrieb e) vorhandene Beregnungsanlage hat sich in den Sommermonaten als guter Nachtstromverbraucher erwiesen.

Maßnahmen zum Ausgleich der Belastungskurven ländlicher Netze sind die vermehrte Anschaffung und der Betrieb vor allem von Nachtstromverbrauchern sowie die Vermeidung des gleichzeitigen Betriebes von mehreren großen Verbrauchern zu Spitzenzeiten. Durch geeignete Nachtstrom- und Leistungstarife kann man dem Bauern einen Anreiz geben, in diesem Sinne zu handeln. Diese Tarife bringen zwar eine gewisse Einschränkung in der Freizügigkeit der Benutzung der elektrischen Energie durch den Bauern, sie sind aber die einzige Möglichkeit, zu vermeiden, daß die ländliche Energieversorgung einen subventionierenden Charakter erhält. Über die Vor- und Nachteile der einzelnen Tarife müssen Energieversorgungsunternehmen und Landwirtschaftsschulen den Bauern in geeigneter Weise unterrichten.

Für die Elektroindustrie ist die Entwicklung weiterer Nachtstromverbraucher eine dankbare und wichtige Aufgabe.

Abschließend wird nun zum elektrischen Dreschbetrieb Stellung genommen. Im Versorgungsbereich der süddeutschen Energieversorgungsunternehmen versucht man durch Gemeinschaftsdreschanlagen die Dreschspitzen bei Einzeldrusch zu beseitigen [9]. Gemeinschaftsdreschanlagen sind jedoch in der niederrheinischen Landwirtschaft nicht anzustreben, da solche Anlagen allein schon wegen der Weiträumigkeit der Besiedlung und der dortigen größeren Anbauflächen unzweckmäßig sind.

In den einzelnen Richtbetrieben traten ausgeprägte Dreschspitzen auf, die jedoch meistens infolge zeitlicher Verschiebung zu keiner bemerkenswerten Spitze im "Beispieldorf" führten.

Im Betrieb d), der mit einem Mähdrescher arbeitet, lagen die Verhältnisse dagegen grundsätzlich anders, indem dort die hohe Dreschspitze entfällt und durch eine lange, gleichmäßige Belastung bei der Körnertrocknung ersetzt wird. Auch wegen der beträchtlichen Arbeitsersparnis ist dieses Verfahren sehr zu empfehlen.

Allgemein ist zu sagen, daß der Einfluß der Dreschbelastung mit dem zunehmenden Einsatz des Mähdreschers an Bedeutung verliert.

## 2. Elektrotechnische Maßnahmen zur Erhöhung der Benutzungsdauer

In einem früheren Forschungsbericht [5] wurde die Möglichkeit bereits angedeutet, durch eine entsprechende Schaltung in der Installation der Höfe den gleichzeitigen Betrieb mehrerer größerer Maschinen oder Geräte zu verhindern. Eine derartige Einrichtung dürfte die preiswerteste Lösung darstellen. Ideal ist sie jedoch nicht, da sie die Freizügigkeit des Elektrizitätsverbrauchs stark einschränkt.

Abbildung 5 zeigt zum Beispeil die Belastungskurve eines Richtbetriebes über einen Tag und ihre Analyse. Man sieht, daß dort beispielsweise morgens von 7.00 bis 8.00 Uhr neben den üblichen Kleingeräten Schrotmühle bzw. Herd und Futterdämpfer gleichzeitig betrieben wurden und so die Tagesspitze von ca. 15 kW erzeugten. Die nächst niedrigere Spitze ( ca. 12 kW) wurde vormittags durch gleichzeitiges Einschalten von Herd und Backofen hervorgerufen. Durch Relaisschaltungen, die das gleichzeitige Einschalten von Schrotmühle und Futterdämpfer bzw. Herd und Backofen unterbinden, hätte man in diesem Fall die Leistungsspitze auf 8 bis 10 kW, d.h. rund 60 % der tatsächlich aufgetretenen Tagesspitze, reduzieren können.

Eine andere Lösung wäre der Einsatz von sogenannten Überverbrauchszählern. Dem Abnehmer wird dabei eine bestimmte Grundleistung zugebilligt. Gelegentlich auftretende höhere Leistungen werden ohne weiteres zugelassen; jedoch wird der Verbrauch, der bei Überschreitung der Grundleistung erfolgt, besonders erfaßt und berechnet (Abb. 25). Da derartige Zähler sehr teuer sind, wird von dieser Möglichkeit nur selten Gebrauch gemacht.

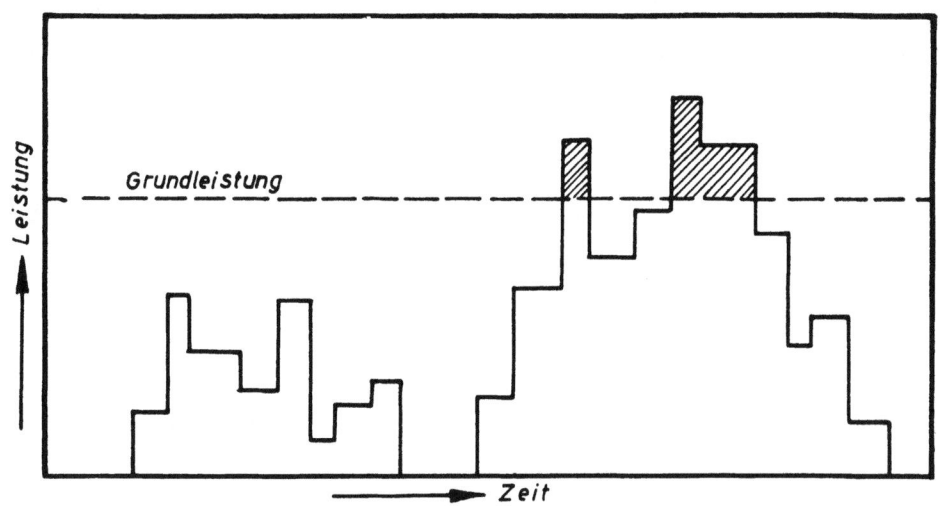

A b b i l d u n g   25
Darstellung der Überverbrauchsregistrierung

In diesem Zusammenhang soll auch auf die Verwendung verlustarmer Verteilertransformatoren hingewiesen werden. Die sogenannte Landwirtschaftstype nach DIN 42501 wird heute nicht mehr gebaut. Es handelte sich dabei um Kleintransformatoren mit besonders hoher Überlastbarkeit (ca.100%) durch entsprechende Auslegung der Wicklungen und des Kessels. Die Leerlaufverluste entsprachen der Nennleistung.

Eine Gegenüberstellung (Tab. 18) der Verluste von normalen Kleintransformatoren (DIN 42502) und solchen mit durch Verwendung kaltgewalzter Bleche gesenkten Eisenverlusten (DIN 42503) zeigt, daß die heute durch Verwendung kaltgewalzter Bleche erzielbare Senkung der Leerlaufverluste in der gleichen Größenordnung liegt wie die früher mit der Landwirtschaftstype erreichbare Senkung.

T a b e l l e   18

Daten von Kleintransformatoren, 10.000/400 V Yz 5

| DIN | Nennleistung | Kupferverluste | Eisenverluste | Gesamtgewicht |
|---|---|---|---|---|
| 42502 | 50 kVA | 1350 W | 300 W | ca 565 kg |
| 42502 | 100 | 2300 | 510 | 830 |
| 42502 | 200 | 3900 | 870 | 1205 |
| 42503 | 50 | 1250 | 190 | 560 |
| 42503 | 100 | 2150 | 320 | 780 |
| 42503 | 200 | 3600 | 545 | 1215 |

Der Einsatz solcher Transformatoren erhöht natürlich nicht die Benutzungsdauer; er zeigt nur das Bemühen der EVUs, sich mit den ungünstigen Verhältnissen der ländlichen Stromversorgung abzufinden bzw. sich daran anzupassen.

Das gegenseitige Bemühen, das der Bauern und das der EVUs, wird letzten Endes eine bessere Lösung sein als alle anderen möglichen technischen oder tariflichen Gewaltmaßnahmen.

## 3. Allgemeine Schlußfolgerungen

Die Untersuchung zeigt, daß die weitgehende Elektrifizierung der Abnehmer auch eine beträchtliche Verbesserung der landwirtschaftlichen Elektrizitätsversorgung insgesamt erbringt. Während die Benutzungsdauer in normalen ländlichen Gebieten noch bei 600 ... 700 Stunden liegt, weist das "Beispieldorf" bereits eine Benutzungsdauer von 1200 Stunden auf. Dieser Wert könnte mit verhältnismäßig einfachen Mitteln auf 2000 ... 2400 Stunden erhöht werden und käme dann bereits der Benutzungsdauer kleiner städtischer Gemeinden gleich.

Zur Zeit wirken sich kurzzeitige hohe Einzelbelastungen in ländlichen Netzen noch nicht allzu störend aus, da die Leitungen auf Grund der verlangten mechanischen Festigkeit elektrisch noch nicht voll ausgenutzt sind. Wesentlich ist die Erkenntnis, daß die Jahresspitze der ländlichen Verbraucher nicht mit der Jahresspitze des Elektrizitätsversorgungsunternehmens zusammenfällt, sich also auf die Kraftwerksleistung nicht auswirkt.

Die bisher angewendeten Maßnahmen zur Verbesserung der Benutzungsdauer erscheinen im ganzen gesehen richtig. Es müßte noch mehr als bisher die Verlagerung des Betriebes einzelner Verbraucher, zum Beispiel der Futterdämpfer und der Schrotmühlen, auf die Nachtstunden angestrebt werden.

Prof. Dr.-Ing. Paul Denzel<br>
Dipl.-Ing. Richard Laufen<br>
Dipl.-Ing. Werner Heilmann

## Literaturverzeichnis

[1] Die Elektrizitätsversorgung in der Bundesrepublik Deutschland. Statistischer Bericht des Referates Elektrizitätswirtschaft im Bundesministerium für Wirtschaft; jährlich veröffentlicht in: Elektrizitätswirtschaft, Zeitschrift der Vereinigung Deutscher Elektrizitätswerke, Frankfurt

[2] Begriffsbestimmungen in der Energiewirtschaft, herausgegeben von der Vereinigung Deutscher Elektrizitätswerke, Frankfurt, 2. Ausgabe 1956

[3] MROSS, M. Selbstkostenrechnung und Preiskalkulation für elektrische Energie; Albis-Verlag GmbH, Hamburg-Stellingen, 1952

[4] HÖCHTL, F. und M. RUDE Erste Ergebnisse eines hochelektrifizierten Versuchsdorfes; ElW (56) 1957, H. 3, S. 90

[5] DENZEL, P. und W. CREMER Verbesserung der Benutzungsdauer der Höchstlast in ländlichen Netzen durch vermehrte Anwendung elektrischer Geräte in der Landwirtschaft. Forschungsberichte des Wirtschafts- und Verkehrsministeriums Nordrhein-Westfalen, Nr. 403; Westdeutscher Verlag, Köln und Opladen

[6] SCHNEIDER, R. und G. SCHNAUS Elektrische Energiewirtschaft; Springer-Verlag, Berlin, 1936

[7] SOSCHINSKI, B. Die Vorausberechnung der Selbstkosten von Elektrizitätswerken; ETZ (39) 1918, H. 13, S. 125 und H. 14, S. 135

[8] JUNGE, H. Die Jahresdauerlinie in Abhängigkeit vom Belastungsfaktor; ETZ (59) 1938, H. 37, S. 999 und H. 39, S. 1049

[9] ZIPFEL, M. Die wirtschaftliche Stromversorgung der Landwirtschaft; Energiewirtschaftlicher Verlag Hugo L. Meyer, Karlsruhe, 1949

# FORSCHUNGSBERICHTE DES LANDES NORDRHEIN-WESTFALEN

Herausgegeben durch das Kultusministerium

## ELEKTROTECHNIK · OPTIK

**HEFT 1**
Prof. Dr.-Ing. E. Flegler, Aachen
Untersuchungen oxydischer Ferromagnet-Werkstoffe
*1952, 20 Seiten, DM 6,75*

**HEFT 12**
Elektrowärme-Institut, Langenberg (Rhld.)
Induktive Erwärmung mit Netzfrequenz
*1952, 22 Seiten, 6 Abb., DM 5,20*

**HEFT 23**
Institut für Starkstromtechnik, Aachen
Rechnerische und experimentelle Untersuchungen zur Kenntnis der Metadyne als Umformer von konstanter Spannung auf konstanten Strom
*1953, 52 Seiten, 21 Abb., 4 Tafeln, DM 9,75*

**HEFT 24**
Institut für Starkstromtechnik, Aachen
Vergleich verschiedener Generator-Metadyne-Schaltungen in bezug auf statisches Verhalten
*1952, 44 Seiten, 23 Abb., DM 8,50*

**HEFT 44**
Arbeitsgemeinschaft für praktische Dehnungsmessung, Düsseldorf
Eigenschaften und Anwendungen von Dehnungsmeßstreifen
*1953, 68 Seiten, 43 Abb., 2 Tabellen, DM 13,70*

**HEFT 62**
Prof. Dr. W. Franz, Institut für theoretische Physik der Universität Münster
Berechnung des elektrischen Durchschlags durch feste und flüssige Isolatoren
*1954, 36 Seiten, DM 7,—*

**HEFT 77**
Meteor Apparatebau Paul Schmeck GmbH., Siegen
Entwicklung von Leuchtstoffröhren hoher Leistung
*1954, 46 Seiten, 12 Abb., 2 Tabellen, DM 9,15*

**HEFT 100**
Prof. Dr.-Ing. H. Opitz, Aachen
Untersuchungen von elektrischen Antrieben, Steuerungen und Regelungen an Werkzeugmaschinen
*1955, 166 Seiten, 71 Abb., 3 Tabellen, DM 31,30*

**HEFT 156**
Prof. Dr.-Ing. habil. B. v. Borries, Dr. rer. nat. Dipl.-Chem. J. Johann, Ing. J. Huppertz, Dipl.-Phys. G. Langner, Dr. rer. nat. Dipl.-Phys. F. Lenz und Dipl.-Phys. W. Scheffels, Düsseldorf
Die Entwicklung regelbarer permanentmagnetischer Elektronenlinsen hoher Brechkraft und eines mit ihnen ausgerüsteten Elektronenmikroskopes neuer Bauart
*1956, 102 Seiten, 52 Abb., DM 22,55*

**HEFT 179**
Dipl.-Ing. H. F. Reineke, Bochum
Entwicklungsarbeiten auf dem Gebiete der Meß- und Regeltechnik
*1955, 46 Seiten, 10 Abb., DM 10,—*

**HEFT 181**
Prof. Dr. W. Franz, Münster
Theorie der elektrischen Leitvorgänge in Halbleitern und isolierenden Festkörpern bei hohen elektrischen Feldern
*1955, 28 Seiten, 2 Abb., 1 Tabelle, DM 6,20*

**HEFT 208**
Prof. Dr.-Ing. H. Müller, Essen
Untersuchung von Elektrowärmegeräten für Laienbedienung hinsichtlich Sicherheit und Gebrauchsfähigkeit. I. Untersuchungen an Kochplatten
*1956, 100 Seiten, 76 Abb., 7 Tabellen, DM 22,70*

**HEFT 213**
Dipl.-Ing. K. F. Rittinghaus, Aachen
Zusammenstellung eines Meßwagens für Bau- und Raumakustik
*1957, 96 Seiten, 17 Abb., 7 Tabellen, DM 19,80*

**HEFT 216**
Dr. E. Kloth, Köln
Untersuchungen über die Ausbreitung kurzer Schallimpulse bei der Materialprüfung mit Ultraschall
*1956, 90 Seiten, 60 Abb., 4 Tabellen, DM 19,40*

**HEFT 265**
Prof. Dr. F. Micheel und Dr. R. Engel, Münster
Eine Apparatur zur elektrophoretischen Trennung von Stoffgemischen
*1956, 38 Seiten, 21 Abb., DM 9,20*

**HEFT 276**
Fa. E. Haage, Mülheim (Ruhr)
Entwicklungsarbeiten im Apparatebau für Laboratorien
*1956, 48 Seiten, 18 Abb., DM 10,50*

**HEFT 309**
Prof. Dr. K. Cruse, Dipl.-Phys. B. Ricke und Dipl.-Phys. R. Huber, Clausthal-Zellerfeld
Aufbau und Arbeitsweise eines universell verwendbaren Hochfrequenz-Titrationsgerätes
*1957, 48 Seiten, 29 Abb., DM 11,90*

**HEFT 310**
Dr. P. F. Müller, Bonn
Die Integrieranlage des Rheinisch-Westfälischen Instituts für Instrumentelle Mathematik in Bonn
*1956, 62 Seiten, 6 Abb., 31 Schaltskizzen, DM 14,45*

**HEFT 331**
Dipl.-Ing. G. Bretschneider, Ruit
Die Messung der wiederkehrenden Spannung mit Hilfe des Netzmodelles
*1957, 46 Seiten, 21 Abb., 2 Tabellen, DM 11,20*

**HEFT 341**
Prof. Dr.-Ing. H. Winterhager und Dipl.-Ing. L. Werner, Aachen
Präzisions-Meßverfahren zur Bestimmung des elektrischen Leitvermögens geschmolzener Salze
*1956, 44 Seiten, 19 Abb., 1 Tabelle, DM 10,60*

**HEFT 403**
Prof. Dr.-Ing. P. Denzel und Dipl.-Ing. W. Cremer, Aachen
Verbesserung der Benutzungsdauer der Höchstlast in ländlichen Netzen durch Anwendung elektrischer Geräte in der Landwirtschaft
*1957, 46 Seiten, 23 Abb., DM 12,10*

**HEFT 438**
Prof. Dr.-Ing. H. Winterhager und Dr.-Ing. L. Werner, Aachen
Bestimmung des elektrischen Leitvermögens geschmolzener Fluoride
*1957, 52 Seiten, 18 Abb., 10 Tabellen, DM 11,90*

**HEFT 440**
Dr.-Ing. H. Wolf, Aachen
Gekoppelte Hochfrequenzleitungen als Richtkoppler
*1958, 108 Seiten, 44 Abb., DM 31,60*

**HEFT 513**
Prof. Dr. W. L. Schmitz und Dr. rer. nat. F. Schmitt, Bonn
Die Verwendung des Magnetbandgerätes zur Speicherung des Kurvenverlaufs elektrischer Ströme
*1958, 56 Seiten, 35 Abb., DM 17,65*

**HEFT 520**
Prof. Dr.-Ing. H. Opitz, Dipl.-Ing. H. Obrig und Dipl.-Ing. P. Kips, Aachen
Untersuchung neuartiger elektrischer Bearbeitungsverfahren
*1958, 44 Seiten, 35 Abb., 2 Tabellen, DM 14,70*

**HEFT 522**
Dr.-Ing. J. Lorentz, Bonn und Dr.-Ing. K. Brocks, Mülheim/Ruhr
Elektrische Meßverfahren in der Geodäsie
*1958, 108 Seiten, 49 Abb., 5 Tabellen, DM 28,—*

**HEFT 523**
Dr.-Ing. K. Eberts, Duisburg
Entwicklungen einiger Meßverfahren und einer Frequenz- und amplitudenstabilisierten Meßeinrichtung zur gleichzeitigen Bestimmung der komplexen Dielektrizitäts- und Permeabilitätskonstante von festen und flüssigen Materialien im rechteckigen Hohlleiter und im freien Raum bei Frequenzen von 9200 und 33000 MHz
*1958, 122 Seiten, 37 Abb., DM 30,20*

**HEFT 535**
Dr.-Ing. J. Lennertz, Köln
Einfluß des Ausbaugrades und Benutzungsgrades nachrichtentechnischer Einrichtungen auf die Gesamtwirtschaft
*1958, 266 Seiten, Tabellen, DM 42,—*

**HEFT 550**
Dr. H. Stephan, Bonn
Elektrisches Standhöhenmeßgerät für Flüssigkeiten
*1958, 26 Seiten, 13 Abb., 2 Tabellen, DM 10,10*

**HEFT 554**
Prof. Dr.-Ing. H. Müller, Essen
Untersuchung von Elektrowärmegeräten für Laienbedienung hinsichtlich Sicherheit und Gebrauchsfähigkeit. — Teil II: Temperaturen an und in schmiegsamen Elektrogeräten
*1958, 56 Seiten, 18 Abb., 22 Tabellen, DM 16,70*

**HEFT 596**
Dipl.-Ing. K.-H. Hardieck, Aachen
Theoretische und experimentelle Untersuchungen der stationären Vorgänge in magnetischen Verstärkern
*1958, 74 Seiten, 58 Abb., DM 20,20*

**HEFT 605**
Ing. L. Bommes, M.-Gladbach
Bestimmung von Leistung und Wirkungsgrad eines Ventilators
*1958, 46 Seiten, 29 Abb., 3 Tabellen, DM 12,60*

**HEFT 615**
Prof. Dr. W. Weizel und D. H. Whang, Bonn
Stromverteilung auf der Kathode einer Glimmentladung in Spalten bei hohen Drucken und abseits stehender Anode
*1958, 28 Seiten, 16 Abb., DM 8,80*

**HEFT 616**
Prof. Dr. W. Weizel und W. Ohlendorf, Bonn
Die Glimmentladung in spaltartigen Entladungsräumen
*1958, 38 Seiten, 18 Abb., DM 10,70*

**HEFT 622**
Prof. Dr. W. Franz, Münster
Theorie der Elektronenbeweglichkeit in Halbleitern
*1958, 40 Seiten, 9 Abb., DM 10,80*

**HEFT 642**
Dr.-Ing. H.-J. Eckhardt, Essen
Die dielektrische Trocknung bei erniedrigtem Luftdruck mit Beiträgen zum physikalischen Verhalten der Mischkörper
*1958, 66 Seiten, 24 Abb., DM 17,10*

**HEFT 663**
Dr. H.-Chr. Freiesleben, Düsseldorf
Vergleich von Funkortungsverfahren an Bord von Seeschiffen
*1958, 20 Seiten, DM 6,20*

**HEFT 694**
G. Hergenhahn, Bonn
Die Bahn des künstlichen Erdsatelliten 1958 Delta 2
*1959, 44 Seiten, 10 Abb., 1 Tabelle, DM 12,60*

HEFT 724
*Prof. Dr. G. Eckart, Dr. F. Gimmel, Th. Conrady und B. Scherer, Saarbrücken*
Sonderfragen bei Breitband-Schlitzantennen
*1959, 32 Seiten, 3 Abb., 4 Kurvenblätter, DM 9,40*

HEFT 756
*Prof. Dr.-Ing. R. Brüderlink und Dipl.-Ing. H. Jansen, Aachen*
Drehstrom-Gleichstrom-Steuersatz mit Trockengleichrichter in Einwellen- und Zweiwellenanordnung
*1960, 119 Seiten, DM 35,80*

HEFT 784
*Dipl.-Ing. W. Sackmann, Essen*
Untersuchung elektrischer Aufladungserscheinungen an Gasströmungen
*1959, 28 Seiten, 15 Abb., DM 9,—*

HEFT 786
*Prof. Dr.-Ing. P. Denzel, Aachen*
Untersuchungen über die Möglichkeit der selektiven Erdschlußerfassung durch Messung des im Erdseil von Freileitungen fließenden Nullstroms
*1960, 72 Seiten, 40 Abb., DM 19,90*

HEFT 824
*Dr.-Ing. K. Lauterjung, Aachen*
Untersuchung symmetrischer Hochfrequenzleitungen
*1960, 74 Seiten, 10 Abb., 1 Tafel, DM 21,50*

HEFT 825
*Ltd. Reg.-Dir. Dr. H. Gabler und Reg.-Rat Dr. G. Gresky, Hamburg*
Untersuchung örtlicher Rückstrahler auf Schiffen, vorzugsweise im Grenzwellenbereich, mit dem Sichtfunkpeiler
*1960, 60 Seiten, 50 Abb., 3 Tabellen, DM 18,70*

HEFT 835
*Dr.-Ing. C. Kleegrewe, Mülheim/Ruhr*
Bau eines Wolkenradargerätes zur gleichzeitigen Messung bei 3,2 cm und 0,86 cm Wellenlänge
*in Vorbereitung*

HEFT 836
*H. Borchardt, Mülheim/Ruhr*
Physikalisch-technische Grundlagen der meteorologischen Anwendung von Radar nach Erfahrungen mit der Wetterradaranlage des Institutes für Mikrowellen in der Deutschen Versuchsanstalt für Luftfahrt e. V. Mülheim-Ruhr
*1960, 139 Seiten, 59 Abb., 5 Tabellen, 4 Tafeln, 5 Bildserien, DM 39,90*

Ein Gesamtverzeichnis der Forschungsberichte, die folgende Gebiete umfassen, kann bei Bedarf vom Verlag angefordert werden:

Acetylen / Schweißtechnik – Arbeitspsychologie und -wissenschaft – Bau / Steine / Erden – Bergbau – Biologie – Chemie – Eisenverarbeitende Industrie – Elektrotechnik / Optik – Fahrzeugbau / Gasmotoren – Farbe / Papier / Photographie – Fertigung – Gaswirtschaft – Hüttenwesen / Werkstoffkunde – Luftfahrt / Flugwissenschaften – Maschinenbau – Medizin / Pharmakologie / Physiologie – NE-Metalle – Physik – Schall / Ultraschall – Schiffahrt – Textiltechnik / Faserforschung / Wäschereiforschung – Turbinen – Verkehr – Wirtschaftswissenschaften.

If you have any concerns about our products,
you can contact us on
**ProductSafety@springernature.com**

In case Publisher is established outside the EU,
the EU authorized representative is:
**Springer Nature Customer Service Center GmbH**
**Europaplatz 3, 69115 Heidelberg, Germany**

Printed by Libri Plureos GmbH
in Hamburg, Germany